新型职业农民培育系列教材

农药
安全使用与经营

胡国安　孙福华　李红莲　主编

中国农业科学技术出版社

图书在版编目（CIP）数据

农药安全使用与经营／胡国安，孙福华，李红莲主编．—北京：
中国农业科学技术出版社，2018.6（2024.7重印）

ISBN 978-7-5116-3664-5

Ⅰ.①农… Ⅱ.①胡… ②孙… ③李… Ⅲ.①农药施用-安全
技术②农药-商业经营 Ⅳ.①S48②F767.2

中国版本图书馆 CIP 数据核字（2018）第 093154 号

责任编辑	崔改泵	
责任校对	马广洋	

出 版 者	中国农业科学技术出版社
	北京市中关村南大街 12 号　邮编：100081
电　　话	（010）82109194（编辑室）　　（010）82109702（发行部）
	（010）82109709（读者服务部）
传　　真	（010）82106650
网　　址	http://www.castp.cn
经 销 者	各地新华书店
印 刷 者	北京捷迅佳彩印刷有限公司
开　　本	880mm×1 230mm　1/32
印　　张	6.75
字　　数	176 千字
版　　次	2018 年 6 月第 1 版　2024 年 7 月第 5 次印刷
定　　价	32.00 元

《农药安全使用与经营》
参编人员

主　编：胡国安　　孙福华　　李红莲

副主编：张振波　　王晓凤　　黄　瑛　　王洪法
　　　　王　伟　　李　敏　　刘新华　　白爱红
　　　　李文婷　　李丹苏　　左正艳　　张毓麟
　　　　张　晶　　阳立恒　　梁耀群　　张水泉
　　　　杜兰红　　何强为

编　委：崔文萍　　朱桂强　　赵敬予　　郎美丽
　　　　于丽娜　　范　凡　　高　星　　林艳波
　　　　李木良　　吴海滨　　禚元春

前　　言

　　农药作为重要的农业生产资料，在保障粮食安全、农业生产安全、农产品有效供应和促进农民增收中，具有不可替代的作用。为了充分发挥农药控害保产的积极作用，避免或降低农药的负面影响，广大种植户必须学会科学安全使用农药。

　　本书共十章，内容包括：农药基础知识、农药购买与贮藏、农药的科学选用、农药施用方法、施用器械的正确使用方法、无人机施药技术、植保基础知识、农药使用人员安全防护与预防中毒、农药经营人员基本技能、农药经营发展趋势等内容。

　　本教材如有疏漏之处，敬请广大读者批评指正。

编　　者

目　　录

第一章　农药基础知识

第一节　农药的概述

一、农药的定义

农药主要是指用来防治危害农林牧业生产的有害生物（害虫、害螨、线虫、病原菌、杂草及鼠类）和调节植物生长的化学药品，但通常也把改善药品有效成分的物理、化学性状的各种助剂包括在内。

事实上，农药不仅仅在农业上应用，许多农药同时也是卫生防疫、工业品防腐、防蛀和提高畜牧产量等方面不可缺少的药剂。因而，随着科学的发展和农药的广泛应用，农药的含义和所包括的内容也在不断地充实和发展。广义的农药还包括有目的地调节植物与昆虫生长发育、杀灭家畜体外寄生虫及人类公共环境中有害生物的药物。

二、农药的作用

农药一般包括以下几方面的作用。

（1）防治危害农作物、林木、家禽、家畜、水产和仓库物资的害虫。

（2）防治危害作物、动物的真菌和细菌等病原微生物。

（3）消灭杂草。

（4）防治鸟害、兽害。

（5）控制和调节动植物的生长。

一般从实际应用来说，农药的作用主要是前三种，不过近年来在调节动植物生长方面也有很大发展。

第二节　农药的特性

一、农药的毒性

农药的毒性是指农药对高等动物等的毒害作用。所有化学物质当吸入足够量时都是有毒的，化学物质的毒性决定于消化和吸收的量，如一次摄入足够多的普通食盐，对人体也是有毒的。

农药的毒性一般用致死中量（LD_{50}）或致死中浓度（LC_{50}）表示。致死中量即为杀死一半供试动物所需的药量，急性经口和经皮毒性用毫克/千克（mg/kg）计量，急性吸入毒性用毫克/米³（mg/m^3）计量。凡 LD_{50} 值大，表示所需剂量多，农药的毒性就低；反之，则毒性高。致死中浓度（LC_{50}）系指杀死 50% 供试动物所需的药液浓度，单位为毫克/升（mg/L）。LC_{50} 值越大，表示农药毒性越小；LC_{50} 值越小，则毒性大。

测试农药的毒性主要用大鼠、小鼠或兔子进行。衡量或表示农药急性毒性程度，常用致死中量（LD_{50}）作指标。

衡量或表示农药对鱼的急性毒性大小常用耐药中浓度（TLm）作指标。耐药中浓度是指在指定时间内（24 小时、48 小时或 96 小时）杀死一半供试水生生物时水中的农药浓度。根据我国有关规定，将农药毒性分为剧毒、高毒、中等毒、低毒和微毒。

二、农药的选择性

农药的选择性一般分为选择毒性和选择毒力。农药选择毒性主要是指对防治对象活性高，但对高等动物的毒性小。农药的选择毒力是指对不同昆虫或病菌、杂草种类之间的选择性，与其相对的是广谱性。早期农药选择性主要是在高等动物、植物和有害生物（昆虫、病菌、杂草等）之间寻求高度的选择，即要求对高等动物或被保护植物安全，对有害生物具有灭杀作用的药剂，使品种具有高效、低毒的特点。近几年选择性要求更进一步注重对防治对象以外生物的安全，即对非防治目标伤害很小的药剂。

第三节　农药的适用范围

农药的适用范围主要包括以下几方面。

（1）用于预防、消灭或者控制危害农、林、牧、渔业中的种植业的病、虫（包括昆虫、蜱、螨）、草、鼠和软体动物等有害生物（用于养殖业防治动物体内外病、虫的属兽药）。

（2）调节植物、昆虫生长（为促进植物生长给植物提供常量、微量元素所属肥料）。

（3）防治仓储病、虫、鼠及其他有害生物。

（4）用于农林业产品的防腐、保鲜（用于加工食品的防腐属食品添加剂）。

（5）用于防治人生活环境和农林业中养殖业，用于防治动物生活环境中的蚊、蝇、蟑螂（蜚蠊）、虹、蠓、蚋、跳蚤等卫生害虫和害鼠，用于防治细菌、病毒等有害微生物的属消毒剂。

（6）预防、消灭或者控制危害河流堤坝、铁路、机场、建筑物、高尔夫球场、草场和其他场所的有害生物，主要是指防治杂草、危害堤坝和建筑物的白蚁和蛀虫以及衣物、文物、图书等的蛀虫。

以上是我国对农药应用范围的最新界定。由此可见，农药广泛用于农林业生产的产前、产中至产后的全过程，同时也用于环境和家庭卫生除害防疫上，以及某些工业品的防腐、防霉。农药用于有害生物的防除称为化学保护或化学防治，用于植物生长发育的调节称为化学调控。随着科学和技术的发展，农药的应用范围有可能扩大，概念也会更明确。

第二章　农药购买与贮藏

第一节　农药的鉴别

农药的鉴别分为两种情况：一种是真假农药的鉴别，一种是变质失效或降效农药的鉴别。第一种是确定该药是否属于农药或某种药剂；第二种是在已知农药品种的情况下，确定是否已经变质或者降效。

一、真假农药的鉴别

（一）根据标签判定

凡是正规农药厂生产的农药，一般都具有完整的标签。所谓完整主要是指标签内容的完整。一个完整的标签必须具备以下内容。

1. 产品介绍

这是每个标签都应有的内容，而且产品介绍的内容应与该药的属性相符，不夸大其词，文字清楚，语言通顺，无错别字，叙述的内容应当包括该农药的特性、适用范围、适宜用量、使用方法、使用时间和注意事项等。假冒农药的介绍，往往字迹模糊不清，任意夸大该药的作用，甚至有错字和别字，叙述内容不全。一般仅从字迹模糊和有错别字这些现象，便可断定该药属假冒农药或不合格农药。因为能生产合格农药的厂家，多数都具有较强的技术力量和业务水平，正常情况下是不会有错字、别字的。

2. 注册商标

注册商标包括两个部分：一是"注册商标"四个字，二是商标图案，二者缺一不可。在进口农药的标签上，"注册商标"用符号"®"代替；图案多带有象征意义和一定的艺术性。假冒商品一般没有注册商标字样或图案，即便有，也会略有变化，因为冒充商标是一种违法行为。也有些假冒者全部照搬正规厂家的商标，但多数在标签上不写自己的厂名或真实厂名，或仅写上不详细的地址。

3. 准产证号

为加强农药生产管理，确保产品质量，杜绝伪劣农药混入市场，国务院和各省、市、自治区人民政府或化工部以及工商行政管理部门相继完善并实施了农药准产证制度。规定凡是生产农作物、森林、蔬菜、水果、家庭卫生等方面的化学药剂、微生物药剂及其他药剂的企业，不论其隶属关系和经济性质，一律申办或补办准产证，没有准产证的企业，一律不准生产，工商部门不予颁发营业执照。

农药准产证的发放条件如下。

（1）生产的产品符合国家或省级地方标准。

（2）在农业部门登记。

（3）有生产条件和计量检测手段，达到或具备三级计量合格证、质检科认证。

（4）三废排放达到国家规定的标准。

（5）各种规章管理制度完善。

因而，在判定农药的真假时，可以从是否有准产证进行判断分析。准产证的有无，在农药标签上的反映就是准产证编号。进口农药无准产证编号。

4. 农药登记证号

农药登记证号是农药登记证的编号。农药登记是由农业药检部门办理的，办理的基本依据是：产品的化学、毒理学、药效、残留、环境生态、产品标准、标签和使用说明书等。这些条件不符合要求的，就不予办理农药登记证。

因而，农药登记证的有无，是判定农药产品"可信度"的重要标志。农药登记分为两种，一种是临时登记，另一种是正式登记。当然，二者的登记条件是不一样的。假农药的标签上没有登记号；冒牌农药虽有登记号，但一般也没有生产厂名或详细厂址。

5. 规格和剂型

规格是指有效成分含量，剂型则表示制剂的类型。假冒农药一般无规格和剂型（或表示剂型的符号）。

6. 生产时间或批号

国产农药一般仅有批号，表示商品的年、月、日；进口农药一般既有生产日期又有批号。所有正规厂家生产的产品，一般都有生产时间或批号，并能在标签上反映出来。假冒农药则可能残缺不全。

7. 有效期和厂名厂址

有效期是指从生产到开始降效、变质的时间；非假冒农药一般都标有有效期，而且厂名厂址清楚详细，有些甚至还注有邮政编码、电话号码、电报挂号等。假冒农药这部分内容模糊不清或根本就没有。

农药有效期在标签上通常有三种标记方法。

（1）直接标明有效日期。例如，有效期为 2008 年 5 月 10 日，即说明该药可使用到 2008 年 5 月 10 日。

（2）标明有效期月份。例如，有效期 2008 年 7 月，即说明此药在 2008 年 7 月 31 日以前有效。

（3）根据药品批号推算有效期。例如，药品批号 991225，有效期 3 年，即指该药有效期到 2002 年 12 月 25 日止。药品批号的 6 位数，前 2 位数表示该药品生产年份，中间 2 位数表示月份，末尾 2 位数表示日期。如果批号是 8 位数，则前 6 位表示生产日期，后 2 位表示有效期（年）。

（二）根据某些特征判定

不同的农药具有下同的特征及特性，根据这一点，容易判定出农药的真假。常用的鉴别特征有颜色、气味以及某些实验特性等。

1. 颜色

一般来说，乳油类、可湿性粉剂类、油剂类、悬浮剂类、水剂类等农药的颜色只要规格不变，颜色是相对稳定的；颗粒剂、粉剂等农药会因颜料的不同或填充料的不同而有所变化。

2. 气味

相对来讲，依气味鉴别农药要较颜色更为简单准确（一些具有特殊颜色的农药除外），但鉴别者必须具有丰富的实践经验和扎实的农药基础知识。一般情况下，不同的农药具有不同的气味，甚至气味的浓烈程度，在一定程度上还能反映出质量的高低。对于假冒农药来说，是不具有农药自身所特有的气味的。

根据颜色和气味判定农药的真假，是最简单和最常用的方法。以下对部分常用农药的鉴别特征给予简单的叙述。

（1）5%来福灵乳油。基本无色或略带浅黄色（在目前常见的农药中，颜色是最浅的一个），略有腥味，闻时有刺鼻感，闻久了会导致打喷嚏和流鼻涕。

（2）20%速灭杀丁乳油、2.5%敌杀死乳油。浅黄色，略带腥味和刺鼻感，久闻也可引起打喷嚏和流鼻涕。灭扫利乳油和这两种农药相似，但灭扫利乳油的浓度较大，在流淌时有黏度感。

（3）乐果乳油。浅黄色或略带棕色，有刺鼻的硫醇臭味。

（4）3911乳油。红棕色，具有强烈的恶臭味，遇水后乳化性能较好。

（5）1605乳油。红棕色油状液体，有明显的大蒜臭味。辛硫磷乳油和该药相似，只是颜色比较浅。

（6）敌敌畏乳油。浅黄色，具有芳香气味，闻时有刺鼻感。

（7）90%晶体敌百虫。白色晶体状，有甜软良好的气味。遇碱后变为敌敌畏，具有芳香气味。

（8）克螨特乳油。黏稠状液体，这是鉴别的主要特征；易燃，乳化性能特别好。

（9）粉锈宁。20%的粉锈宁乳油，浅棕红色，15%可湿性粉剂为灰白色，25%可湿性粉剂的颜色更浅。粉锈宁的气味比较特殊，和"清凉油"的气味相似，气味浓烈，有凉爽感。这是判别粉锈宁的重要依据。

（10）磷化铝片剂。灰白色，与医用土霉素颜色相似，无气味；在潮湿环境下保存数小时后，可变为残渣状，这是鉴别其真假的主要依据。

（11）50%抗蚜威可湿性粉剂。深蓝色，颜色比较特殊。目前有两种制剂形态，一种是粉状，一种是粒状，气味不大。鉴别该药较为准确的方法是生物测定法。因为该药为蚜虫（棉蚜、桃蚜等除外）的特效药，而且药效迅速，使用后能在几分钟内将蚜虫杀死。所以，可以利用这一特性，在田间用麦蚜、玉米蚜、大豆蚜、菜蚜等做试验，能迅速杀死蚜虫且具备上述外观特征的，就是真药，否则为假药或失效药。

（12）硫酸铜。天蓝色结晶状，气味不明显，水溶液仍呈天蓝色，这是鉴别硫酸铜和检验其质量的重要依据。若溶液发黑，里面含有硫酸亚铁杂质，含杂质越多，颜色越黑。

（13）托布津可湿性粉剂。浅灰色粉状，略有辣味。70%甲基托布津颜色为灰白色或灰棕色、灰紫色等。

（14）敌克松可溶性粉剂。黄色至黄棕色，有光泽，无臭味，粉末状。其水溶液为黄色，用手触摸也为黄色。因为该药为生产颜料的副产品，所以颜色比较特殊。这是与其他农药相区别的重要依据。

（15）代森锌可湿性粉剂。浅灰绿色粉末状，有臭鸡蛋气味。在颜色和气味上都比较特殊。

（16）40%乙烯利水剂。淡黄色至褐色透明液体，比重为1.258左右，pH 值小于3；遇碱或加热时，很快分解，放出乙烯。因而具有乙烯的气味。

（17）井冈霉素水剂。外观为棕色透明液体，无臭味，pH值为2~4，比重大于1，无气体产生。将这些特性进行综合测定分析，便可判定出是否为井冈霉素。

（三）根据试验结果判定

有些农药，可以根据一些简单的试验结果来进行判定。

1. 粉状农药的鉴别

常见粉状农药的剂型主要有粉剂、可换性粉剂和可溶性粉剂。这三种剂型的区别方法是：取无色透明玻璃试管3支，分别装入三种剂型的少量试样，然后倒入半试管清水，分别用手按住试管口或用塞子将试管盖好，以同样速度上下振动10次左右，静止后观察。若试管内不产生沉淀就是可溶性粉剂，试管内发现混浊并产生缓慢沉淀者是可湿性粉剂，试管内沉淀物多且沉淀迅速的是粉剂。

2. 液体农药的鉴别

常见液体农药的剂型主要有水剂、乳剂和油剂。区别这三种剂型的方法是：取无色透明的玻璃试管 3 支，各装入半试管清水，然后分别滴入 3~5 滴试样。溶解于水后成乳白色悬浮液的是乳油；溶解于水后成水溶剂，表面无色、无油状物的是水剂；溶解于水后无色，但表面有悬浮油状小珠的是油剂。

3. 常用有机磷农药的鉴别

主要介绍 1059、1605、乐果、马拉硫磷、敌敌畏、敌百虫六种常用有机磷农药的鉴别。

首先各取试样 3~4 滴分别滴入不同的试管内，然后各加水 5 毫升，配成供鉴别用的稀释液。然后在每支试管中分别滴加 5% 的氢氧化钠溶液，若呈黄色的是 1605，呈浅黄色的是 1059，呈白色者是敌百虫，不发生变化的是乐果、马拉硫磷和敌敌畏。

其次将三种无变化的溶液，分别滴加 5% 的硝酸银溶液，呈黄色的是乐果，由黄至橙至黑色的是马拉硫磷，开始滴加硝酸银时无变化，继续滴加变成黑色的是敌敌畏。

4. 有机硫制剂的鉴别

（1）取试样少许放入试管中，加水数滴使之全部湿润，再加入 3~4 滴浓硫酸，稍加热，有臭鸡蛋气味放出的就是有机硫制剂。

（2）代森铵、代森锌、代森锰、福美锌、福美铁、福美双是常用的六种有机硫制剂，唯独代森铵是淡黄色溶液。

（3）将剩余的 5 个样品分别取少许装入试管内，并各加 3~5 滴水使之湿润，再加入 3 滴硝酸，然后稍加热。有臭鸭蛋味的是代森锌和代森锰，无臭鸭蛋味的是福美铁、福美双和福美锌。

（4）在代森类的试管中，再加入 2~5 毫升水，并分别过滤到另外试管内，再各加入 5% 的氢氧化钠溶液，摇匀后继续滴加氢氧化钠溶液。有白色沉淀又很快溶解的是代森锌；有白色沉淀不溶解的为代森锰。

（5）将福美类化合物的三支试管，稍加热后各加 2 滴盐酸，亦有臭鸭蛋气味产生，待气泡停止后，各加 2~5 毫升水，过滤到另三支试管内，逐滴加 5% 氢氧化钠溶液，边滴边摇。出现红色沉淀者是福美铁；出现白色沉淀后又溶解者是福美锌；剩下的是福美双。

5. 苯酚类除草剂的鉴别

取样少许溶于酒精中，滴加几滴 5% 三氯化铁溶液摇匀即呈现紫色；或将其溶于蒸馏水中，再加几滴 5% 硫酸铜摇匀，有深红色沉淀。具有这两个特点的是苯酚类除草剂，反之，不是苯酚类农药。

6. 其他农药的鉴别

二钾四氯钠盐的鉴别。由于该药能导致部分植物畸形生长，所以，可用 100 倍左右的药液喷涂到豆类或阔叶杂草的植株上，1~2 天内，若植株顶端扭曲，叶片下垂，新生叶皱缩呈鸡爪状，茎秆及叶柄肿裂，说明是该药，否则就不是。

（四）化学分析法

这种方法是目前最为准确的方法。一般由省、市级农业部门的农药化验室或指定的具有农药化验能力的部门承担。其化验结果具有法律效力。由于其化验复杂和需要交纳一定的化验费，所以，一般很少应用。常用于一些假药案件的审定或农药生产厂家的质量检验。

二、失效农药的鉴别

失效农药的鉴别是指在已知属于某种药剂的情况下，对其质量进行检测的过程。常用的主要有四种方法，即外观检验法、物理分析法、生物测定法和化学分析法。

（一）外观检验法

变质失效的农药，往往从外观上就能明显判断出来。判断的依据有：

（1）储存场所是否符合要求，如酸碱度、潮湿度、遮光条件、同库的物品种类等。一般说来，不同的农药具有不同的储存条件。

（2）储存时间。主要指储存时间是否在有效期的范围之内，若有效期已过，肯定有所变质和失效。

（3）外观特征。一般乳油类农药变质后常发生沉淀或变色现象；乳剂类农药变质后常发生油水分离、沉淀和变色现象；粉剂或可湿性粉剂农药变质后常发生结块现象；可溶性粉剂农药久贮后多表现为溶化，但大部分效果不减；水剂类农药变质后常发生析出结晶和变色现象；片剂农药变质后常表现为潮解现象；胶悬剂类农药和部分浓稠的乳油类农药，变质后常表现为固缩现象。

（二）物理分析法

1. 加热法

加热法适用于乳油或乳剂类农药的鉴别。把有沉淀的乳油农药制剂连瓶放入40℃以上（以烫手为准）的温水中。经过1

小时后，变质农药的沉淀物不会溶化，而没有变质的农药会慢慢溶化，溶化后喷洒不影响防治效果。

2. 灼烧法

灼热法适用于粉剂农药。取一点粉剂农药置于一小块薄铁皮上，用火灼烧。若有白烟冒出，说明尚含有效成分；如无白烟，说明已不含有效成分或含量微少。灼烧时要注意防止中毒。

3. 振荡法

振荡法适用于乳剂农药。对已经有分层现象的乳剂药液，用力振荡，然后静置 1 小时。如果仍然有分层现象，说明农药质量已经变坏，若分层现象消失，说明还能用，但药效稍减。

4. 悬浮法

悬浮法适用于粉剂农药。取粉剂农药 5 克加水 500 克，搅拌后静置 30 分钟，然后慢慢倒去上部 90% 左右的溶液。将剩下的溶液用已加重物的滤纸过滤，再将纸和纸面上的沉淀物一同晒干或烘干。然后称重，计算悬浮率。悬浮率在 30% 以上者为良好，在 30% 以下的药剂则为减效药剂。计算公式为：

悬浮率（%）=（样品质量-沉淀质量）÷样品质量×100

5. 沉淀法

沉淀法适用于可湿性粉剂农药。取 1 克可湿性粉剂样品，放入玻璃瓶子内，先加适量水搅拌成糊状，再加适量清水（共用水 200 克）搅拌均匀，静置 10 分钟后观察。好的农药粉粒细，沉淀慢而少；劣质的农药沉淀快而多。

6. 对水法

对水法适用于乳油农药。用透明茶杯一个，装入 2/3 左右的水，滴入 4~5 滴乳油制剂，搅拌后静置 1 小时，缓慢倾斜倒出药液。若液面有乳油或杯底有沉淀物，证明该药已经变质，不能再用；反之，没有变质，仍能用。

7. 溶解法

溶解法适用于乳油或乳剂。取少量液剂农药的沉淀物，加入清水，若很快溶于水中，说明没有变质；反之，说明已经变质。

（三）生物测定法

生物测定法是指利用药剂的作用对象或敏感生物进行药效试验的方法。该方法的缺点：一方面，一般历时较长；另一方面，在主要防治对象已经产生抗性的情况下，难于得出准确结果和失效的程度。优点则是，正常情况下比较准确和实用，其试验结果在指导使用上有实际意义。

1. 田间试验法

田间试验法是指将供试农药在田间直接使用到主要防治对象上，大多数农药都可用该方法进行鉴定。需要注意的问题就是病虫的抗性问题，在主要防治对象已经产生抗性的情况下，不适于用该方法。

2. 敏感生物试验法

敏感生物试验法是指利用对供试药敏感的生物进行试验的方法。有一些农药，除主要防治对象以外，还对自然界中的某些生物有很高的毒性。另外，大多数杀虫剂对蜂类及水生动物比较敏感；部分杀菌剂对鱼类也比较敏感，对兔子的眼膜有严重的刺激作用等。

（四）化学分析法

同真假农药的鉴别一样，失效农药的鉴别同样可以用化学分析法。而且，要想定量地测量其有效成分含量，就必须用化学分析法。由于化学分析法比较复杂，需要相应的仪器设备和化学试剂、标样等。必要的情况下，可以到指定的化验部门去分析化验。

第二节　农药的购买

购买农药的目的，在于有效地防治病虫草害等，因而在购买农药之前，必须弄清所要防治的对象，需要购买的农药品种、剂型、数量，以及如何鉴别农药与怎样看农药标签和使用说明书等。以防所购买的农药与防治对象不符、剂型不适当、数量少或多余以及是假药、失效药等现象的发生。因此，在购买农药的过程中必须注意以下几点。

一、注意农药品种

所要购买的农药品种，是根据防治对象和栽培作物的种类而定的。因此，在购买农药之前，首先要知道所种的是什么作物，发生了什么病虫害，待确定了病虫害发生的种类之后，再确定购买什么农药品种。能用于防治某种病虫害的农药，往往不只是一个品种，在此情况下，还要了解一下哪种农药效果最好，哪种农药效果最差，哪种农药易产生药害等。然后，根据当地农药的供应情况，尽量确定一种效果好并且经济、安全的农药品种。在购买农药时，还要注意农药的同物异名现象。所要购买的农药，往往会因生产厂家的不同而有不同的名称。这时要对照农药的化学名称，只要农药的化学名称一样，就是同一种农药。

二、注意农药的剂型

同一个农药品种，往往会有许多不同剂型。不同的剂型，其施药方法、时间、用量都有所不同，要根据所种的作物、生育期、发生的病虫害种类、当地的环境条件和拥有的农药机具来选择合适的剂型。一般说，粉剂适于密植的作物、食叶性害虫的产卵盛期或幼虫卵化盛期，应在早晨露水未干时使用，用手摇喷粉器或机动喷粉机喷洒；乳油、水剂、可湿性粉剂、可溶性粉剂等适于喷雾的剂型，宜在作物的苗期、近水源的地块、风小的上午或下午使用，用气压式喷雾器和机动弥雾机喷洒。如大豆为密度较大的作物，若用农药防治取食大豆叶片的豆天蛾低龄幼虫，在早晨露水未干或在有露水的傍晚用手摇或机动喷粉器械喷施粉剂农药，效果会更好；而在防治棉花苗期的蚜虫及红蜘蛛时，就以选择适于喷雾的农药剂型，在中午或下午用背负式手动喷雾器喷雾较为恰当。总之，要根据高效、安全、经济和容易操作的原则，选购适当的农药品种和剂型。做到品种和防治对象对口，剂型和施药方法正确。

三、注意农药的包装

有些农药在装卸、运输和保管过程中，可能会将瓶子碰裂、袋子碰烂、标签碰掉甚至被雨淋湿等，这样的农药最好不要购买，以免出现意外。如农药流失造成事故，品种混淆造成错购，农药失效达不到施药目的，变质造成作物药害等。另外，同一种农药的包装，还有大包装和小包装之分。液剂农药小至几毫升，大至数千克，一般为 0.5～1.0 千克瓶装；粉剂农药一般为 0.5～25.0 千克袋装。在购买时，要结合需求量、携带、使用和保管等方面进行综合考虑，尽量选择一种需求量符合，并便于使用和保管的农药包装。

四、注意购买的数量

购买农药的数量，不可过多，又不可过少。多了会增加储藏上的麻烦，少了就不够用，影响病虫害的及时防治或增加购买次数。那么，如何确定农药的购买数量呢？首先要根据作物的种植面积或病虫害发生的面积和用药次数，然后再根据农药的有效成分含量、安全用量等，确定出每次的用药量和累积用药量。在需求量少而又不零售的情况下，可几家联合购买，尽量买到一个最小的包装单位。

五、注意农药的质量

由于生产时间长或运输、储藏方法不当或农药厂生产的产品不合格等原因，都有可能使药剂的质量下降，以致降低药效或其他不良现象的发生。另外，不同的农药厂生产的同一种农药其质量也有很大差别。因此，在购买农药时，必须注意农药的质量，进行认真细致的检查。

第三节　农药的安全贮存

农药在许多情况下需要贮存，如购买的农药往往当年不能用完，需要妥善贮存；当年买的农药往往不能马上就用，也需要暂时贮存。而正确、安全地贮存农药，可以保证：①保护人的健康；②保护环境；③保持农药包装完好无损，保证药效。购买农药时，尽可能购买合适的量，以减少农药贮存量。农药贮存时应该做到：

一、阅读标签

在贮存农药时，首先要阅读标签。标签上给出了一些贮存农药的信息，要确保完全了解标签上标明的中毒风险。

（1）许多农药标签上要求农药贮存时要上锁。

（2）按照标签上的说明贮存，有的农药要求与其他农药分开贮存。

（3）牢固的贮存地点可以保证农药包装完好无损，并且可防止被盗窃。

（4）时刻牢记标签上警告的贮存过程中可能存在的风险。

二、存室的类型

1. 专业化学品仓库

主要用于大型农场、农药销售公司、农药公司等的仓库，需要建在远离住宅区、学校、医院、水井和河道等地方，并设有安全通道，一旦发生意外，便于进货者和出货者及时撤离。

2. 上锁的建筑物

农村不住人的旧屋、厢房、平房等可以用来贮存农药，但必须上锁。

3. 带锁的箱子、盒子等

如耕地不多，农药使用量也不多，一个箱子或盒子就足以用来贮存农药。这样的箱子或盒子应该：

（1）具有足够的空间以确保农药安全贮存。根据农药数量、包装大小，选择或制作不同大小尺寸的箱子来贮存农药。

（2）用标签标记清楚：农药，有毒。

（3）放在儿童和其他动物接触不到的地方。

（4）放在居室外，要防日晒和雨淋，寒冷季节要注意防冻。

（5）上锁，以防在无人监管的情况下被打开。

（6）将箱子内的农药放置在平盘上，或套在另一个容器中，以防农药泄漏后污染其他地方。

（7）不要将农药箱子放在平地上，可镶嵌到墙上。一个简易的、带锁的箱子，镶嵌到墙上，用来贮存农药，可以有效地保护儿童和宠物及其他家禽家畜。

三、贮存农药注意事项

（1）检查标签上的农药有效期，对于过期农药，询问销售者是否能收回，如果不能，则要按照废弃农药进行处理。

（2）农药必须贮存在原始包装物里。

（3）农药贮存时，不要将液态剂型放在干剂型之上。

（4）任何时候不要将农药置于没有上锁和无人看管的状态。农药上锁后，钥匙要妥当保管。

（5）不要将个人防护用品与农药贮存在一起。

（6）不要将农药放在接近食品、动物食品、种子、肥料、汽油或医药的地方。

（7）不要在农药贮存室吸烟、喝水和吃东西。

（8）准备吸附性好的材料，放在农药箱附近，如锯末、沙子、泥土等，一旦农药有泄漏，可以立即吸附干净。

四、做好农药存取记录

记录所有的农药产品，并记录提供者（销售者或公司）和农药用途，将记录内容放在安全的地方，以备查取使用等情况。记录内容包括农药产品名称、性能、生产批号、保质期、农药用途等。并根据生产实际准确记录农药的使用情况（表2-1）。

表 2-1　农药使用情况一览表

作物	地块名	用药	施药者	日期	剩余量

第三章　农药的科学选用

第一节　杀虫剂

一、有机磷杀虫剂

有机磷杀虫剂是一类最常用的农用杀虫剂，多数属高毒或中等毒类，少数为低毒类。有机磷杀虫剂在世界范围内广泛用于防治植物病虫害，它对人和动物的主要毒性来自抑制乙酰胆碱酯酶引起的神经毒性。

（一）乐果

【特点】为高效、低毒、低残留、广谱性杀虫剂，有较强的内吸传导作用，也具有一定的胃毒、触杀作用，对蚜虫、木虱、叶蝉、粉虱、蓟马、蚧类等刺吸式口器害虫和螨类有特效。

【制剂】40%、50%乳油，1%~3%粉剂，20%可湿性粉剂。

【使用技术】用于防治蔬菜、果树、茶、桑、棉、油料作物、粮食作物的多种具有刺吸式口器和咀嚼式口器害虫的害虫和叶螨，一般用40%乐果乳油稀释1 000~2 000倍液喷雾。

【注意事项】梅、李、杏对乐果敏感，浓度过高易产生药害，蔬菜在收获前不要使用乐果。

（二）氧化乐果

【其他名称】氧乐果、华果。

【特点】具有触杀、内吸及胃毒作用，对害虫和螨类有很强的触杀作用，尤其对一些已经对乐果产生抗药性的蚜虫，毒力较高，在低温期仍能保持较强的毒性。

【制剂】40%乳油。

【使用技术】主要用于防治香蕉多种蚜虫、卷叶虫、斜纹夜蛾、花蓟马和网蝽等，低温期氧化乐果的杀虫作用表现比乐果快。一般用40%乳油1 000~2 000倍液喷雾，防治蚜虫、蓟马、叶跳甲、盲蝽象、叶蝉等；用800~1 500倍液喷雾，防治棉红蜘蛛、豌豆潜叶蝇、梨木虱、柑橘红蚧、实蝇、烟青虫等棉花、果树、蔬菜上的多种害虫。

（三）马拉硫磷

【其他名称】马拉松。

【特点】具有良好的触杀、胃毒和微弱的熏蒸作用，马拉硫磷持效期短，对刺吸式口器和咀嚼式口器害虫都有效。

【制剂】45%、70%乳油，25%油剂，1.2%、1.8%粉剂，混配制剂有高氯·马、氰戊·马拉松、马拉·异丙威、丁硫·马、马拉·矿物油等。

【使用技术】适用于防治草坪、牧草、花卉、观赏植物、蔬菜、果树等作物上的咀嚼式口器和刺吸式口器害虫，还可用来防治蚊、蝇等家庭卫生害虫以及体外寄生虫和人的体虱、头虱。一般用45%乳油加水稀释2 000倍液喷雾可防治菜蚜、棉蚜、棉蓟马，稀释1 000倍左右防治菜青虫、棉红蜘蛛、棉蝽象等。

（四）毒死蜱

【其他名称】乐斯本、氯吡硫磷、白蚁清、氯吡磷。

【特点】具触杀、胃毒及熏蒸作用，是一种广谱性杀虫杀螨剂，对鳞翅目幼虫、蚜虫、叶蝉及螨类效果好，也可用于防治地下害虫，对人、畜中毒。

【制剂】40%、40.7%、48%、25%乳油，5%、10%、15%颗粒剂，混配制剂很多，如氯氰·毒死蜱、丙威·毒死蜱、啶虫·毒死蜱、多素·毒死蜱、毒·唑磷、毒·辛等。

【使用技术】防治蔬菜、果树、小麦、水稻、棉田等多种害虫，一般用40.7%乳油稀释1 000~2 000倍液喷雾。

【注意事项】毒死蜱对大棚瓜类、烟草及莴苣苗期敏感；不能与碱性农药混用，为保护蜜蜂，应避免在开花期使用；各种作物收获前应停止用药。

（五）速扑杀

【其他名称】速蚧克、杀扑磷。

【特点】具触杀、胃毒及熏蒸作用，并能渗入植物组织内，对人、畜高毒，是一种广谱性杀虫剂，尤其对介壳虫有特效。

【制剂】40%乳油。

【使用技术】幼蚧盛发期为施药适期，防治蜡蚧类喷施700~1 500倍液；防治盾蚧类喷施1 500~2 000倍液。

二、氨基甲酸酯类杀虫剂

该类杀虫剂的杀虫机理与有机磷相同，也是抑制乙酰胆碱酯酶，从而影响神经冲动传递，使昆虫中毒死亡。多数品种速效，残效期短，选择性强，对叶蝉、飞虱、蓟马、玉米螟防效好，对天敌安全，对高等植物低毒，在生物和环境中易降解，个别品种急性毒性极高，不同结构类型的品种、生物活性和防治对象差别很大，与有机磷混用，有的产生拮抗作用，有的具有增效作用。

（一）甲奈威

【其他名称】西维因。

【特点】具有触杀及胃毒作用，有轻微内吸性。

【制剂】25%、85%可湿性粉剂，混配制剂有聚醛·甲萘威颗粒。

【使用技术】可用于防治卷叶蛾、潜叶蛾、蓟马、叶蝉、蚜虫等害虫，还可用来防治对有机磷农药产生抗性的一些害虫。常用25%可溶性粉剂稀释500~700倍液喷雾。

【注意事项】应注意甲萘威对蜜蜂有毒，故花期不宜使用。

（二）仲丁威

【其他名称】巴沙、扑杀威。

【特点】具有强烈的熏蒸作用，且具一定胃毒、熏蒸和杀卵作用，对叶蝉、飞虱等有特效，杀虫迅速，残效期短，对人、畜低毒。

【制剂】20%、25%、50%、80%乳油，20%水乳剂。

【使用技术】对棉蚜，亩用25%乳油100~150毫升，加水50~75千克喷雾，药效期约7天。防治棉叶蝉，亩用25%乳油150~200毫升加水喷雾。

【注意事项】不能同敌稗混用或连用，使用前后最好间隔10天以上，否则易引起药害。

（三）克百威

【其他名称】呋喃丹、大扶农。

【特点】具有内吸、胃毒、触杀及熏蒸作用，是一种广谱性杀虫、杀螨及杀线虫剂，对鞘翅目、同翅目、半翅目、鳞翅目及螨类等有很好的防治效果。

【注意事项】该药限用于制种，已准备全面禁用。

（四）涕灭威

【其他名称】铁灭克。

【特点】具有内吸、触杀及胃毒作用，不仅具有杀虫作用，还可杀线虫和螨，持效期较长，对人、畜高毒。

【制剂】5%、15%颗粒剂。

【使用技术】棉蚜、棉盲蝽象、棉叶蜂、棉红蜘蛛、棉铃象甲等的防治可用沟施法，亩用15%颗粒剂1 000~1 200克或15%颗粒剂334~400克，掺细土5~10千克，拌匀后按垄开沟，将药沙土均匀施入沟内，播下种子后覆土；防治盆栽花卉害虫如蚜虫、叶蝉、叶螨、蓟马及地下害虫时，每盆花用1~2克或每亩用1千克进行根施或穴施，然后覆土浇水，15天后即可见明显效果。

【注意事项】在直接食用的作物上禁用，有限用的一些规定。计划于2020年全面禁用。

（五）抗蚜威

【其他名称】辟蚜雾。

【特点】具有触杀、熏蒸和内吸作用。杀虫迅速，施药后几分钟即可杀灭蚜虫，持效期短，对作物、天敌安全，对蜜蜂亦安全。

【制剂】50%可湿性粉剂，50%、25%水分散粒剂。

【使用技术】各种制剂加水喷雾可防治十字花科蔬菜、油菜、小麦、大豆、烟草上的蚜虫。防治蔬菜蚜虫亩用50%可湿性粉剂10~18克，加水30~50千克喷雾；防治烟草蚜虫亩用50%可湿性粉剂10~18克，加水30~50千克喷雾；防治粮食及油料作物上的蚜虫亩用50%可湿性粉剂6~8克，加水50~100千克喷雾。

【注意事项】抗蚜威在15℃以下使用效果不能充分发挥，

使用时最好气温在20℃以上。

三、拟除虫菊酯类杀虫剂

拟除虫菊酯类杀虫剂是神经毒剂，作用于神经纤维膜，改变膜对钠离子的通透性，从而干扰神经而使害虫死亡。

（一）氰戊菊酯

【其他名称】速灭杀丁、敌虫菊酯。

【特点】具有触杀和胃毒作用，无内吸传导和熏蒸作用，杀虫谱广，对天敌无选择性，对人畜中等毒性，对鳞翅目幼虫效果好，对同翅目、直翅目、半翅目害虫也有较好防效，对螨类无效。

【制剂】20%乳油，混配制剂有氰戊·丙溴磷、氰戊·辛硫磷、氰戊·马拉松。

【使用技术】棉花害虫的防治，棉铃虫于卵孵盛期、幼虫蛀蕾铃之前施药，亩用20%乳油25～50毫升对水喷雾，棉红铃虫在卵孵盛期也可用此浓度进行有效防治，同时可兼治小造桥虫、金刚钻、卷叶虫、蓟马、盲蝽等；棉蚜每亩用20%乳油10～25毫升，对伏蚜则要增加用量。

果树害虫的防治，柑橘潜叶蛾在各季新梢放梢初期施药，亩用20%乳油5 000～8 000倍液喷雾，同时兼治橘蚜、卷叶蛾、木虱等；柑橘介壳虫于卵孵盛期用20%乳油2 000～4 000倍液喷雾。

蔬菜害虫的防治，菜青虫2～3龄幼虫发生期施药，亩用20%乳油10～25毫升；小菜蛾在3龄前亩用20%乳油15～30毫升进行防治。

大豆害虫的防治，防治食心虫于大豆开花盛期、卵孵高峰期施药，每亩用20%乳油20～40毫升，能有效防治豆荚被害，同时可兼治蚜虫、地老虎。

小麦害虫的防治，防治麦蚜、黏虫，于麦蚜发生期、黏虫2~3龄幼虫发生期施药，用20%乳油3 000~4 000倍液喷雾。

【注意事项】在害虫、害螨并发的作物上使用此药，由于对螨无效、对天敌毒性高，易造成害螨猖獗，所以要配合杀螨剂。

（二）顺式氰戊菊酯

【其他名称】来福灵。

【特点】触杀作用强，有一定的胃毒和拒食作用，效果迅速，击倒力强，可用于防治鳞翅目、半翅目、双翅目害虫的幼虫，对螨无效，对人、畜中毒，对鱼、蜜蜂高毒。

【制剂】5%乳油。

【使用技术】适用作物非常广泛，广泛用于苹果、梨、桃、葡萄、山楂、枣、柑橘等果树，小麦、玉米、水稻、大豆、花生、棉花、甜菜等粮棉油糖作物，辣椒、番茄、茄子、十字花科蔬菜、马铃薯等瓜果蔬菜，及烟草、茶树、森林等植物。一般用5%乳油稀释2 000~5 000倍液喷雾。

【注意事项】不能与碱性农药等物质混用，要随配随用，害虫、害螨并发的植物上要配合杀螨剂使用。

（三）溴氰菊酯

【其他名称】敌杀死、凯素灵、凯安保。

【特点】以触杀和胃毒作用为主，杀虫谱广，击倒速度快，防治多种果树、蔬菜、林木上的鳞翅目、同翅目、半翅目害虫，对人、畜中等毒性。

【制剂】2.5%、5%乳油、2.5%水乳剂、2.5%悬浮剂、2.5%可湿性粉剂，混配制剂有溴氰·氧乐果、溴氰·辛硫磷等。

【使用技术】主要用于喷雾防治害虫，有时根据需要也可拌土撒施。

喷雾：从害虫盛发初期或卵孵化盛期开始用药，及时均匀、周到喷雾。在粮、棉、油、菜、糖、茶、中药植物及草地等非果树林木类作物上使用时，一般亩用2.5%乳油40~50毫升，或用2.5%可湿性粉剂40~50克喷雾；在果树、茶树、林木及花卉上使用时，一般使用2.5%乳油或2.5%可湿性粉剂1 500~2 000倍液，均匀喷雾。

撒施：主要用于防治玉米螟，在喇叭口期进行用药，亩用2.5%可湿性粉剂20~30克拌适量细土均匀撒施于玉米心（喇叭口内）。

【注意事项】该药对螨、蚧类的防效甚低，不可专门用作杀螨剂，以免害螨猖獗为害，最好不单一用于防治棉铃虫、蚜虫等抗性发展快的害虫。

（四）甲氰菊酯

【其他名称】灭扫利。

【特点】具有触杀、胃毒及一定的忌避作用，杀虫谱广，可用于防治鳞翅目、鞘翅目、同翅目、双翅目、半翅目等害虫及多种害螨，对人、畜中毒。

【制剂】10%、20%、30%乳油，20%水乳剂，20%可湿性粉剂，10%微乳剂，混配制剂有甲氰·噻螨酮、阿维·甲氰、甲氰·氧乐果等。

【使用技术】主要通过喷雾防治害虫、害螨，在卵盛期至孵化期或害虫害螨发生初期或低龄期用药防治效果好。一般使用20%乳油或20%水乳剂，或用20%可湿性粉剂1 500~2 000倍液，或用10%乳油或10%微乳剂800~1 000倍液，均匀喷雾，特别注意果树的下部及内腔。

【注意事项】注意与有机磷类、有机氯类等不同类型药剂交替使用或混用，以防产生抗药性；在低温条件下药效更高、持效期更长，特别适合早春和秋冬使用；采收安全间隔期棉花为 21 天、苹果为 14 天；该药对鱼、蚕、蜂高毒，避免在桑园、养蜂区施药及药液流入河塘。

（五）联苯菊酯

【其他名称】氟氯菊酯、虫螨灵、天王星。

【特点】具有触杀、胃毒作用，既有杀虫作用又有杀螨作用，可用于防治鳞翅目幼虫、蚜虫、叶蝉、粉虱、潜叶蛾、叶螨等，对人、畜中毒。

【制剂】2.5%、10%乳油，混配制剂有很多，如联菊·啶虫脒、联菊·吡虫啉、联菊·炔螨特等。

【使用技术】在粉虱发生初期，虫口密度低时（2 头左右/株）施药，用 2.5%乳油 2 000～2 500 倍液喷雾，虫情严重时可选用 2.5%乳油 4 000 倍液与 25%扑虱灵可湿性粉剂 1 500 倍液混用；蚜虫于发生初期用 2.5%乳油 2 500～3 000 倍液喷雾，残效期 15 天左右；红蜘蛛于成、若螨发生期施药，用 2.5%乳油 2 000 倍液喷雾，可 10 天内有效控制其为害。

四、昆虫生长调节剂

昆虫生长调节剂是昆虫脑激素、保幼激素和蜕皮激素的类似物以及几丁质合成抑制剂等对昆虫的生长、变态、滞育等主要生理现象有重要调控作用的各类化合物的通称。昆虫生长调节剂并不快速杀死昆虫，而是通过干扰昆虫的正常生产发育来减轻害虫对农作物的为害。昆虫激素类似物选择性高，一般不会引起抗性，且对人、畜和天敌安全，能保持正常的自然生态平衡而不会导致环境污染，是生产无公害农产品尤其是无公害瓜果菜产品应该优先选用的药剂。

使用昆虫生长调节剂类农药防治农业害虫，要注意选择最佳施药时间，即在各类害虫卵的盛孵期而不同于一般药剂的最佳施药期（低龄幼虫期），因为此类农药都属于缓效农药，要严格按照有关药剂标签要求规定的用药剂量使用，不要随意增加或减少，才能取得最好的防治效果。我国目前应用的昆虫生长调节剂类农药主要种类有灭幼脲、除虫脲、氟虫脲、氟硫脲、氟啶脲、丁醚脲、噻嗪酮、灭蝇胺、虫酰肼、甲氧虫酰肼等。

（一）灭幼脲

【其他名称】灭幼脲三号、苏脲一号、一氯苯隆。

【特点】以胃毒作用为主，对鳞翅目幼虫有良好的防治效果，对益虫和蜜蜂等膜翅目昆虫和森林鸟类几乎无害，对人、畜和天敌安全。

【制剂】25%、50%悬浮剂，25%可湿性粉剂，常见的混配制剂有阿维·灭幼脲、哒螨·灭幼脲、灭脲·吡虫啉等。

【使用技术】防治森林松毛虫、舞毒蛾、舟蛾、天幕毛虫、美国白蛾等食叶类害虫用25%悬浮剂2 000~4 000倍液均匀喷雾，飞机超低容量喷雾每公顷450~600毫升，在其中加入450毫升的脲素效果会更好；防治农作物黏虫、螟虫、菜青虫、小菜蛾、甘蓝夜蛾等害虫，用25%悬浮剂2 000~2 500倍液均匀喷雾；防治桃小食心虫、茶尺蠖、枣步曲等害虫用25%悬浮剂2 000~3 000倍均匀喷雾。

【注意事项】此药在2龄前幼虫期进行防治效果最好，虫龄越大，防效越差；该药于施药3~5天后药效才明显，7天左右出现死亡高峰；忌与速效性杀虫剂混配，使灭幼脲类药剂失去了应有的绿色、安全、环保作用和意义；灭幼脲悬浮剂有沉淀现象，使用时要先摇匀后加少量水稀释，再加水至合适的浓度，搅匀后喷用；灭幼脲类药剂不能与碱性物质混用，以免降低药效，与一般酸性或中性的药剂混用药效不会降低。

（二）除虫脲

【其他名称】伏虫脲、敌灭灵、氟脲杀。

【特点】以胃毒和触杀作用为主，对鳞翅目害虫有特效，对鞘翅目、双翅目多种害虫也有效，对人畜低毒。

【制剂】20%悬浮剂，25%、50%、75%可湿性粉剂，5%乳油，混配制剂有除虫脲·辛硫磷、阿维·除虫脲。

【使用技术】可防治黏虫、玉米螟、玉米铁甲虫、棉铃虫、稻纵卷叶螟、二化螟、柑橘木虱等害虫，以及菜青虫、小菜蛾、甜菜夜蛾、斜纹夜蛾等蔬菜害虫。防治菜青虫、小菜蛾，在幼虫发生初期，亩用20%悬浮剂15~20克，加水喷雾；防治斜纹夜蛾，在产卵高峰期或孵化期，用20%悬浮剂400~500倍液喷雾，可杀死幼虫，并有杀卵作用；防治甜菜夜蛾，在幼虫初期用20%悬浮剂100倍液喷雾，喷洒要力争均匀、周密，否则防效差。

【注意事项】施药宜早，掌握在幼虫低龄期为好；储存时应放在阴凉、干燥处，胶悬剂如有沉淀，用前摇匀再配药；家蚕养殖区施用本品应慎重。

（三）氟铃脲

【其他名称】盖虫散。

【特点】具有很高的杀虫和杀卵活性而且速效，尤其是防治棉铃虫，在害虫发生初期（如成虫始现期和产卵期）施药最佳，在草坪及空气湿润的条件下施药可提高盖虫散的杀卵效果。

【制剂】5%乳油，20%水分散粒剂，混配制剂有甲维·氟铃脲、氟铃·毒死蜱、高氯·氟铃脲等。

【使用技术】主要用于防治鳞翅目害虫，如菜青虫、小菜蛾、甜菜夜蛾、甘蓝夜蛾、烟青虫、棉铃虫、金纹细蛾、潜叶蛾、卷叶蛾、造桥虫、桃蛀螟、刺蛾类、毛虫类等。防治枣树、苹果、梨等果树的金纹细蛾、桃潜蛾、卷叶蛾、刺蛾、桃蛀螟等多种害虫，可在卵孵化盛期或低龄幼虫期用 1 000~2 000倍5%乳油+1 000倍"天达2116"（果树专用型）喷洒，药效可维持 20 天以上；防治柑橘潜叶蛾，可在卵孵化盛期用 1 000倍5%乳油+1 000倍"天达2116"（果树专用型）液喷雾；防治枣树、苹果等果树的棉铃虫、食心虫等害虫，可在卵孵化盛期或初孵化幼虫入果之前用 1 000倍5%乳油+1 000倍"天达2116"（果树专用型）液喷雾。

【注意事项】对食叶害虫应在低龄幼虫期施药。钻蛀性害虫应在产卵盛期、卵孵化盛期施药；该药剂无内吸性和渗透性，喷药要均匀、周密。

（四）氟虫脲

【其他名称】卡死克。

【特点】具有胃毒和触杀作用，作用缓慢，一般施药后 10 天才有明显效果，广泛用于柑橘、棉花、葡萄、大豆、玉米和咖啡上，对植食性螨类和其他许多害虫均有特效，对捕食性螨和天敌昆虫安全。

【制剂】5%可分散液剂。

【使用技术】主要通过喷雾防治害虫及害螨。在苹果、柑橘等果树上喷施时，一般使用5%可分散液剂 1 000~1 500倍液喷雾；在蔬菜、棉花等作物上喷施时，一般亩用5%可分散液剂 30~50 毫升，加水 30~45 升喷雾；防治草地蝗虫时，一般亩用5%可分散液剂 10~15 毫升，加水后均匀喷雾，喷药时应均匀、细致、周到。

【注意事项】由于该药杀灭作用较慢，所以施药时间要较一般杀虫、杀螨剂提前 2~3 天，防治钻蛀性害虫宜在卵孵化盛期至幼虫蛀入作物前施药，防治害螨时宜在幼螨、若螨盛发期施药。

（五）丁醚脲

【其他名称】宝路、克螨隆、杀螨脲。

【特点】是一种新型硫脲杀虫杀螨剂，具有触杀、胃毒作用，对氨基甲酸酯、有机磷和拟除虫菊酯类产生抗性的害虫具有较好的防治效果，低毒，但对鱼、蜜蜂高毒。

【制剂】25%乳油，50%可湿性粉剂。

【使用技术】防治苹果和柑橘害螨，用50%可湿性粉剂1 000~2 000倍液或25%乳油1 000~1 500倍液喷雾，持效期可达20~30天，安全间隔期为7天，每季作物最多施药1次。

【注意事项】安全间隔期7天，每季作物最多施药1次；螨害发生重时，尤其成螨、幼螨、若螨及螨卵同时存在，必须保证必要的用药量。

第二节　杀螨剂、杀线虫剂

一、杀螨剂

螨类属于节肢动物门，在形态、习性及栖息场所等方面具有多样性，分布广、适应性强、种类繁多，估计在世界上有30万~50万种，仅次于昆虫纲。一般植食性螨是一种最为普遍的植物害虫，其个体较小，大多密集群居于作物的叶片背面刺吸为害，使得果树、棉花、蔬菜和观赏植物等大量减产，损失严重。在一个群体中可以存在所有生长阶段的螨，包括卵、若螨、幼螨和成螨等。螨类繁殖迅速，生活史短，越冬场所变化大，容易对药剂形成抗药性，这些都决定了螨类较难防治。化学防治是害螨综合治理的一个重要环节。

（一）炔螨特

【其他名称】克螨特、灭螨净、丙炔螨特。

【特点】对人、畜低毒，对鱼类高毒，对成螨、若螨有效，杀卵效果差，具有触杀和胃毒作用，无内吸和渗透传导作用。

【制剂】25%、40%、57%、73%乳油。

【使用技术】炔螨特效果广泛，能杀灭多种害螨，还可杀灭对其他杀虫剂已产生抗药性的害螨，不论杀成螨、若螨、幼螨及螨卵效果均较好，在世界上被使用了 30 多年，至今未见抗药性的问题。可用于防治棉花、蔬菜、苹果、柑橘、茶、花卉等作物上的各种害螨，一般用 25%乳油稀释800～1 000倍液喷雾或 40%乳油稀释 1 500～2 000倍液喷雾或 57%乳油稀释 2 000～2 500倍液喷雾或 73%乳油稀释2 500～3 000倍液喷雾。

【注意事项】炔螨特为触杀性农药，无组织渗透作用，故需均匀喷洒在作物叶片的两面及果实表面。

（二）三唑锡

【其他名称】倍尔霸、三唑环锡、灭螨锡。

【特点】为触杀作用强的广谱杀螨剂，可杀灭若螨、成螨和夏卵，对冬卵无效。对光稳定，残效期长，对作物安全，对蜜蜂毒性极低，对鱼类毒性高，对人畜中等毒性。

【制剂】8%乳油，25%可湿性粉剂，20%悬浮剂，混配制剂有哒螨·三唑锡、吡虫·三唑锡、阿维·三唑锡。

【使用技术】适用于防治果树、蔬菜上多种害螨，防治柑橘红蜘蛛、柑橘锈壁虱用 25%可湿性粉剂 1 000～2 000倍液均匀喷雾；防治苹果叶螨用 25%可湿性粉剂 1 000～1 500倍液喷雾；防治葡萄叶螨，用 25%可湿性粉剂 1 000～1 500

倍液喷雾；防治茄子红蜘蛛，用25%可湿性粉剂1 000倍液喷雾。

【注意事项】该药不能与波尔多液等碱性农药混用，不宜与百树菊酯混用；对柑橘新叶、嫩梢、幼果易产生药害；避免污染水域。

（三）双甲脒

【其他名称】螨克。

【特点】具有触杀、拒食、驱避作用，也有一定的胃毒、熏蒸和内吸作用，对叶螨科各个虫态都有效，但对越冬卵效果较差，对其他抗性螨类也有较好的防治效果，持效期长，对人、畜中等毒，对鱼类有毒，对蜜蜂、鸟、天敌低毒。

【制剂】10%、12.5%、20%乳油。

【使用技术】防治苹果叶螨、柑橘红蜘蛛、柑橘锈螨、木虱，用20%乳油1 000~1 500倍液喷雾；防治茄子、豆类红蜘蛛，用20%乳油1 000~2 000倍液喷雾，西瓜、冬瓜红蜘蛛用20%乳油2 000~3 000倍液喷雾；防治棉花红蜘蛛，用20%乳油1 000~2 000倍液喷雾，同时对棉铃虫、红铃虫有一定兼治作用；环境害螨用20%乳油1 000倍液喷雾。

（四）苯丁锡

【其他名称】克螨锡，托尔克，螨完锡。

【特点】以触杀作用为主，对幼螨、若螨、成螨杀伤力强，对卵几乎无效，对天敌影响小，对人、畜低毒。为感温型杀螨剂，温度高药效好。

【制剂】25%、50%可湿性粉剂，25%悬浮剂。

【使用技术】用于防治柑橘、苹果、梨、葡萄、茶树、豆类、茄子、瓜类、番茄等蔬菜的叶螨，也可用于防治观赏植物食性螨。如防治柑橘红蜘蛛，用50%可湿性粉剂2 000~2 500

倍液喷雾，锈螨用 2 000 倍液喷雾，叶螨、锈螨并发时可兼治；防治山楂、苹果红蜘蛛用 50% 可湿性粉剂 1 000~1 500 倍液喷雾；茄子、豆类等蔬菜的叶螨用 1 500~2 500 倍液喷雾；茶树短须螨、橙瘿螨用 1 000~1 500 倍液喷雾。

【注意事项】15℃ 以下时药效差，因而冬季勿用；可与多数杀虫剂、杀菌剂混用。

（五）四螨嗪

【其他名称】阿波罗，螨死净。

【特点】对鸟类、鱼类及天敌昆虫安全，对人、畜低毒，为有机氮杂环类杀螨剂。该药剂具有触杀作用，无内吸作用，对螨卵有较好防效，对幼螨也有一定活性，对成螨效果差，残效期 50 天左右。

【制剂】10%、20% 可湿性粉剂，20%、25%、50% 悬浮剂，混配制剂有四螨·哒螨灵、四螨·炔螨特、四螨·三唑锡、阿维·四螨嗪等。

【使用技术】用于防治苹果全爪螨、山楂叶螨、二斑叶螨等。在苹果开花前，苹果全爪螨越冬卵初孵期施药，用 20% 可湿性粉剂 2 000~2 500 倍液喷雾，一般一次施药即可控制螨害，如果后期局部发生，应改用其他杀螨剂防治；防治山楂叶螨，在苹果落花后，越冬代成螨产卵高峰期施药，用 20% 可湿性粉剂 2000~2 500 倍液喷雾，防治红蜘蛛喷药一定要仔细周到，20 年生的成龄树每株用药液量要在 20 升左右；防治二斑叶螨在 5 月底以前，做好地面防治的同时，6 月二斑叶螨上树后，应及时防治，用 20% 螨死净可湿性粉剂 2 000~2 500 倍液混加 15% 哒螨灵乳油 6 000 倍液喷雾，喷药时应特别注意树冠内膛喷布仔细。

【注意事项】可与多数杀虫剂、杀菌剂混用，不能与波尔多液等碱性农药混用。

（六）噻螨酮

【其他名称】尼索朗、除螨威、合赛多。

【特点】对多种植物害螨具有强烈的杀卵、杀幼若螨的特性，对成螨无效，但对接触到药液的雌成虫所产的卵具有抑制孵化的作用，对天敌、蜜蜂影响小，对人、畜低毒，一般施药后7天才显高效，残效达50天左右。

【制剂】5%乳油，5%可湿性粉剂，混配制剂有噻螨·哒螨灵、阿维·噻螨酮、甲氰·噻螨酮。

【使用技术】防治苹果红蜘蛛，在幼若螨盛发期，平均每叶有3~4只螨时，用5%乳油或5%可湿性粉剂1 500~2 000倍液喷雾，收获前7天停止使用。

【注意事项】本剂宜在成螨数量较少时（初发生时）使用，若是螨害发生严重时，不宜单独使用本剂，最好与其他具有杀成螨作用的药剂混用；在蔬菜收获前30天停用，在1年内，只使用1次为宜。

二、杀线虫剂

对于线虫，目前缺乏彻底有效的根治方法，也不是单一的措施就能防治，需要通过农业措施、物理防治、生物防治和化学防治等一套综合技术。但在众多防治方法中，化学方式最受农户推崇，也最为直接有效，在调查中，近九成受访农户都期待通过化学防治达到理想效果。按照防治方法不同，主要分为两大类：一类是具有内吸性或触杀性的选择性杀线虫剂，另一类是熏蒸性杀线虫剂。选择性杀线虫剂有噻唑膦、灭线磷、毒死蜱、辛硫磷、阿维菌素、吡虫啉等。熏蒸性杀线虫剂有棉隆、三氯硝基甲烷（氯化苦）、二甲基二硫醚、硫酰氟、威百亩、氰氨基化钙（石灰氮）等，这几种杀线虫剂几乎都对植物线虫有不错的防治效果。

（一）棉隆

【其他名称】必速灭。

【特点】属低毒杀菌、杀线虫剂，具有熏蒸作用，易于在土壤及其他基质中扩散，持效期长，能与肥料混用，不会在植物体内长期残留，对皮肤无刺激作用，对鱼中等毒性，对蜜蜂无毒害。

【制剂】98%颗粒剂，75%可湿性粉剂。

【使用技术】先进行旋耕整地，浇水保持土壤湿度，亩用98%颗粒剂20~30千克，进行沟施或撒施，旋耕机旋耕均匀，盖膜密封20天以上，揭开膜敞气15天后播种；用于温室、苗床等土壤处理，花卉每平方米需98%棉隆颗粒剂30~40克，撒施后立即覆土。

【注意事项】施于土壤后受土壤温湿度以及土壤结构影响较大，使用时土壤温度应大于12℃，12~30℃最宜，土壤湿度大于40%（湿度以手捏土能成团，1米高度掉地后能散开为标准）；棉隆具有灭生性的原理，所以生物药肥不能同时使用。

（二）噻唑膦

【其他名称】福气多、伏线宝、代线仿。

【特点】具有触杀和内吸作用，毒性较低，对根结线虫、根腐（短体）线虫、胞囊线虫、茎线虫等有特效。此产品已实现国产化，在中国已取得了在黄瓜、番茄、西瓜上的登记，可广泛应用于蔬菜、香蕉、果树、药材等作物。

【制剂】10%颗粒剂，20%水乳剂。

【使用技术】防治根结线虫亩用10%颗粒剂1.5~2千克，拌细土撒施于土壤；用20%水乳剂在线虫侵入作物前预防亩用伏线宝1瓶（500毫升）随水冲施或加水2 000倍液喷施、浇灌移栽窝，线虫侵入作物后治疗可根据线虫危害程度亩用伏线宝 1~2 瓶随水冲施或加水 750~1 000 倍液灌根。

（三）灭线磷

【其他名称】益收宝、灭克磷、益舒宝。

【特点】具有触杀作用，无内吸和熏蒸作用，用于观赏植物线虫及地下害虫的防治，对鸟类和鱼类高毒，对蜜蜂毒性中等。

【制剂】5%、10%、20% 颗粒剂。

【注意事项】该药属于禁用、限用农药。如确需使用，注意药剂不能与种子直接接触，否则易产生药害，在穴内或沟内施药后先覆一薄层的有机肥，再播种覆土。

（四）淡紫拟青霉菌

【其他名称】线虫清、颠杀线虫剂。

【特点】属于内寄生性真菌，是一些植物寄生线虫的重要天敌，是新型纯微生物活孢子制剂，具有高效、广谱、长效、安全、无污染、无残留等特点，可明显刺激作物生长。适用于大豆、番茄、烟草、黄瓜、西瓜、茄子、姜等作物根结线虫、胞囊线虫。

【使用技术】常见剂型有高浓缩吸附粉剂，播种时进行拌种。拌种按种子量的 1% 进行拌种后，堆捂 2~3 小时、阴干即可播种；处理苗床将淡紫拟青霉菌剂与适量基质混匀后撒入苗床，播种覆土，1 千克菌剂处理 15~20 平方米苗床；处理育苗基质将 1 千克菌剂均匀拌入 1~1.5 立方米基质中，装入育苗容器中；穴施施在种子或种苗根系附近，亩用量 3~5 千克；有机肥添加量，一吨有机肥添加 2~3 千克，进行第二次发酵，3~5 天。

第三节 杀菌剂

凡是对病原物有杀死作用或抑制生长作用，但又不妨碍植物正常生长的药剂，统称为杀菌剂。杀菌剂是一类用来防治植物病害的药剂，可根据作用方式、原料来源及化学组成进行分类，杀菌剂按来源分，除农用抗生素属于生物源杀菌剂外，主要的品种都是化学合成杀菌剂。

一、无机杀菌剂

无机杀菌剂是近代植物病害化学防治中广泛使用的一类杀菌剂。19 世纪 80 年代后，大规模使用的是波尔多液等铜制剂和石硫合剂等硫制剂，主要防治果树和蔬菜病害，该类杀菌剂作用方式为保护剂。在植物感病前施药，使病原菌孢子萌发受到抑制或被杀死从而使植物避免病原菌侵染受到保护。百余年来，在病害防治中发挥了重要作用，病原菌对其未产生抗药性，今后仍将在生产中应用。

（一）硫黄

【特点】硫黄属多功能药剂，除有杀菌作用外，还能杀螨和杀虫，用于防治各种作物的白粉病和叶蟎等，持效期可达半个月左右。

【制剂】80%水分散粒剂，45%、50%悬浮剂，混配制剂有多·硫、福·甲·硫黄、硫黄·三唑酮可湿性粉剂，硫黄·三环唑悬浮剂等。

【使用技术】蔬菜使用硫黄悬浮剂主要用于防治瓜类白粉病，使用时将 50%悬浮剂稀释成 200~400 倍液喷雾，每隔 10 天左右喷洒 1 次，一般发病轻的用药 2 次，发病重者用药 3 次。

（二）石硫合剂

【特点】石硫合剂是由硫黄、生石灰和水熬制而成，三者最佳配比是生石灰：硫黄：水＝1：2：10，其有效成分是多硫化钙，主要用作杀菌剂，此外还具有一定的杀虫、杀螨作用，可防治苹果、葡萄、麦类等的白粉病及多种害螨及介壳虫，以前主要由果农自己熬制，现在有加工好的制剂销售。

【制剂】29%水剂，45%固体，45%结晶，30%块剂。

【使用技术】防治苹果病虫害用45%结晶200～300倍液，在苹果开花前和落花后10天喷雾，防治苹果白粉病；苹果发芽后用45%结晶150～200倍液防治苹果花腐病；苹果休眠期用45%结晶30倍液喷雾防治苹果腐烂病；防治桃树病害在桃树发芽前可用45%结晶100倍液防治桃流胶病、缩叶病和疮痂病；防治葡萄病害于发芽前用45%结晶100倍液，可防治白粉病、黑痘病及东方盔蚧越冬若虫等；防治柿子白粉病，在春季（4—5月）用45%结晶300倍液喷洒。

【注意事项】现配现用；气温达到32℃以上时慎用；桃、李、梅花、梨等蔷薇科和紫荆、合欢等豆科植物对石硫合剂敏感。

（三）波尔多液

【特点】波尔多液是硫酸铜和生石灰加水的混合制剂，是一种良好的保护性杀菌剂，黏着性很好，喷洒在植物表面后，可形成一层保护膜，不易被雨水冲刷掉，杀菌范围广，适宜在病菌入侵作物前使用。

【制剂】80%可湿性粒剂。生产上常用的波尔多液多数是使用者现配现用，用硫酸铜、生石灰和水按一定的比例配制成的天蓝色胶状悬浊液。比例有波尔多液1%等量式（硫酸铜：生石灰：水＝1：1：100）、1%倍量式（硫酸铜：生石灰：水＝1：

2∶100)、1%半量式（硫酸铜∶生石灰∶水＝1∶0.5∶100）、1%多量式［硫酸铜∶生石灰∶水＝1∶（3~5）∶100］等。

【使用技术】波尔多液广泛用于预防蔬菜、果树、棉、麻等的多种病害，对霜霉病、炭疽病、晚疫病、轮纹病等效果好。

【注意事项】现用现配，久置失效；配制时先用少量水把石灰溶解成石灰乳，其余的水配制硫酸铜溶液，然后将硫酸铜溶液慢慢倒入石灰乳中，边倒边搅拌；不能与石硫合剂混用；先期西洋参叶片嫩时不可使用以免发生药害。

二、有机杀菌剂

有机杀菌剂指在一定剂量或浓度下，具有杀死为害作物病原菌或抑制其生长发育的有机化合物，包括有机硫杀菌剂、有机氯杀菌剂、有机磷杀菌剂、有机砷杀菌剂、有机锡杀菌剂、有机汞杀菌剂（已禁用），酰胺类杀菌剂、酰亚胺类杀菌剂、取代苯类杀菌剂、苯并咪唑类杀菌剂、三唑类杀菌剂、杂环类杀菌剂和农用抗生素及植物杀菌素。

（一）代森锌

【特点】叶面用保护性杀菌剂，主要用于防治麦类、蔬菜、葡萄、果树和烟草等作物的多种真菌病害，可防治白菜、黄瓜霜霉病，番茄炭疽病，马铃薯晚疫病，葡萄白腐病、黑斑病，苹果、梨黑星病等。

【制剂】65%、80%可湿性粉剂，混配制剂有王铜·代森锌、代森·甲霜灵等。

【使用技术】防治马铃薯早疫病、晚疫病，番茄早疫病、晚疫病、斑枯病、叶霉病、炭疽病、灰霉病，茄子绵疫病、褐纹病，白菜、萝卜、甘蓝霜霉病、黑斑病、白斑病、软腐病、黑腐病，瓜类炭疽病、霜霉病、疫病、蔓枯病，冬瓜绵疫，豆类炭疽病、褐斑病、锈病、火烧病等，用65%的可湿性粉剂500~700倍液喷雾，喷药次数根据发病情况而定，一般在发病前或发病初期开始喷第1次药，以后每隔7~10天喷1次，速喷2~3次。

防治蔬菜苗期病害，可用代森锌和五氯硝基苯做成"五代合剂"处理土壤。即用五氯硝基苯和代森锌等量混合后，按每平方米育苗床面用混合制剂8~10克。用前将药剂与适量的细土混匀，取1/3药土撒在床面做垫土，播种后用剩下的2/3药土作播后覆盖土用，而后用塑料薄膜覆盖床面，保持床面湿润，直到幼苗出土揭膜。

防治白菜霜霉病，蔬菜苗期病害，可用种子重量的0.3%~0.4%进行药剂拌种。

（二）福美双

【其他名称】秋兰姆、赛欧散、阿锐生。

【特点】广谱保护性杀菌剂，可防治多种作物的霜霉病、疫病、炭疽病，尤其对种子传染和苗期土壤传染的病害有良好的防治效果，对高等动物毒性中等。

【制剂】50%、75%、80%可湿性粉剂。

【使用技术】主要用作种子处理和土壤处理，粮食作物病害拌种防治水稻稻瘟病、胡麻叶斑病、稻苗立枯病、稻恶苗病，每50千克种子用50%可湿性粉剂250克拌种或用50%可湿性粉剂500~1 000倍液浸种2~3天。

【注意事项】注意不能与铜、汞及碱性农药混用或前后紧连使用；拌过药的种子有残毒，不能再食用。对鱼类、蜜蜂、家蚕有毒性，注意远离。

（三）代森锰锌

【其他名称】速克净、大生、喷克、大生富、山德生。

【特点】是杀菌谱较广的保护性杀菌剂。对霜霉病、疫病、炭疽病及各种叶斑病有防治效果。

【制剂】70%、80%可湿性粉剂，混配制剂有烯酰·锰锌、氢铜·锰锌、乙胺·锰锌、锰锌·三唑酮、锰锌·霜霉威、异菌·多·锰锌。

【使用技术】防治番茄、茄子、马铃薯疫病、炭疽病、叶斑病，用80%可湿性粉剂400~600倍液，发病初期喷洒，连喷3~5次；防治蔬菜苗期立枯病、猝倒病，用80%可湿性粉剂，按种子重量的0.1%~0.5%拌种；防治瓜类霜霉病、炭疽病、褐斑病，用80%可湿性粉剂400~500倍液喷雾，连喷3~5次；防治白菜、甘蓝霜霉病，芹菜斑点病，用80%可湿性粉剂500~600倍液喷雾，连喷3~5次；防治菜豆炭疽病、赤斑病，用80%可湿性粉剂400~700倍液喷雾，连喷2~3次。

【注意事项】使用时需戴口罩及手套，不要使药液溅洒在眼睛和皮肤上，喷药后用肥皂洗手、洗脸，该品不要与铜制剂和碱性药剂混用。

（四）多菌灵

【其他名称】棉萎灵、棉萎丹、保卫田。

【特点】是一种高效、低毒、广谱的内吸杀菌剂，具有明显的向顶输导性能，可用于叶部喷雾，也可拌种和浇土处理。可用于防治褐大丽花花腐病、月季褐斑病、君子兰叶斑病等，对皮肤和眼睛无刺激作用，对试验动物无致癌作用，对鱼类和蜜蜂低毒。

【制剂】40%悬浮剂，25%、40%、50%、80%可湿性粉剂，混配制剂有多·咪·福美双、嘧霉·多菌灵、烯唑·多菌灵等。

【使用技术】多菌灵常用于谷物、柑橘属、蕉、草莓、凤梨或梨果等水果的杀真菌过程，用25%多菌灵可湿性粉剂对水稀释后喷施。用 400~500 倍液，防治白菜类、萝卜、乌塌菜等的白斑病；用 50%可湿性粉剂对水稀释后喷施；用 500 倍液，防治大白菜的炭疽病、白斑病，萝卜炭疽病，白菜类灰霉病；用 600~800 倍液，防治十字花科蔬菜的菌核病；用 800 倍液，防治白菜等的炭疽病，十字花科蔬菜白斑病，青花菜叶霉病；用 80%可湿性粉剂对水稀释后喷施；用 800 倍液，防治白菜类、萝卜等的白斑病。

【注意事项】使用时，多菌灵可与一般杀菌剂混用，但与杀虫剂、杀螨剂混用时，要随混随用。

（五）异菌脲

【其他名称】扑海因、咪唑霉。

【特点】属广谱保护性、触杀型杀菌剂，但也具有一定的治疗作用，主要防治葡萄孢属、丛梗孢属、青霉属、核盘菌属、丝核菌属等引起的多种植物病害，可用来防治对苯并咪唑类内吸杀菌剂有抗性的真菌。

【制剂】550%可湿性粉剂，25.5%、50%悬浮剂，10%乳油，混配制剂有咪鲜·异菌脲、嘧霉·异菌脲、异菌·福美双、锰锌·异菌脲、甲硫·异菌脲等。

【使用技术】适用于瓜类、番茄、辣椒、茄子、园林花卉、草坪等多种蔬菜及观赏植物等，主要防治对象为由葡萄孢菌、珍珠菌、交链孢菌、核盘菌等引起的病害。苹果轮斑病、褐斑病及落叶病的防治，春梢生长期初发病时，喷 50%可湿性粉剂 1 000~1 500倍液，以后每隔 10~15 天喷 1 次；花生冠腐病每 100 千克种子用 50%可湿性粉剂 100~300 克拌种；玉米小斑病的防治，在玉米小斑病初发时开始喷药，50%可湿性粉剂 200~400 克加水喷雾，隔 2 周再喷 1 次；番茄早疫病，番茄移栽后半个月开始喷药，50%可湿性粉剂 100~200 克加水喷雾，隔 2 周再喷 1 次。

【注意事项】注意不能与强酸性或强碱性的药剂混用，不能与腐霉利、农利灵等作用方式相同的杀菌剂混用或轮用。

（六）腐霉利

【其他名称】速克灵、二甲菌核利。

【特点】属低毒杀菌剂，有内吸性，可以被叶、根吸收，耐雨冲洗，持效期长，能阻止病斑发展，可用于防治园林植物上的灰霉病、菌核病等。

【制剂】50%可湿性粉剂，35%、20%悬浮剂，15%烟剂，混配制剂有腐霉·福美双。

【使用技术】防治油菜、番茄、黄瓜、向日葵菌核病亩用50%可湿性粉剂50克加水喷雾；防治玉米大斑病、小斑病、樱桃褐腐病亩用50%可湿性粉剂50~75克，加水75~100千克喷雾，间隔7~10天喷药1~2次；防治葡萄、番茄、桃、黄瓜、葱等灰霉病于发病初期亩用50%可湿性粉剂30~50克加水喷雾，1周以后再喷1次。

三、抗生素类杀菌剂

抗生素类杀菌剂来源于微生物产生的次级代谢产物及以产生的生物活性物质为样板，进行人工合成或结构改造，成为人工半合成的产物。这类杀菌剂大部分具有内吸性能、高效、选择性强、有治疗和保护作用、生物降解快，无公害，对人、畜安全等优点，但药效不稳定，成本高，持效期短（易被土壤微生物及紫外线分解）、抗药性菌株易出现（高度选择性所致）等缺点。

（一）春雷霉素

【其他名称】春日霉素、加收米。

【特点】是小金色放线菌产生的水溶性抗生素，对人、畜、家禽、鱼虾类、蚕等均为低毒，具有较强的内吸性，对病害有预防和治疗作用。

【制剂】2%水剂，2%、4%、6%可湿性粉剂，0.4%粉剂等。

【使用技术】主要用于防治黄瓜的炭疽病、细菌性角斑病、枯萎病，番茄的叶霉病。对黄瓜的炭疽病、细菌性角斑病，用2%水剂350~700倍液喷施；对番茄叶霉病，用2%水剂500~1 000倍液喷施；对黄瓜枯萎病，应于发病前或发病初用2%水剂50~100倍液灌根、喷根茎或喷洒病部。

【注意事项】药剂应存放在阴凉处；稀释的药液应一次用完，如果搁置易污染失效；不能与碱性农药混用；要避免长期连续使用春雷霉素，否则易产生抗药性。

（二）多抗霉素

【其他名称】多氧霉素、宝丽安。

【特点】广谱性抗生素杀菌剂，具有较好的内吸传导作用。其作用机制是干扰病菌细胞壁几丁质的生物合成，可抑制病菌产孢和病斑扩大。可用于防治叶斑病、白粉病、霜霉病、枯萎病等多种病害，且对植物安全。

【制剂】1.5%、3%、10%可湿性粉剂，1%、1.5%、3%水剂，混配制剂有多抗·福美双、多抗·锰锌等。

【使用技术】在蔬菜上应用，主要防治瓜类、番茄白粉病、灰霉病，丝核菌引起的叶菜和其他蔬菜的糜烂、猝倒病，以及黄瓜的霜霉病和番茄的晚疫病。用2%可湿性粉剂100~200倍液喷洒。

（三）木霉菌

【其他名称】特立克。

【特点】具有多重杀菌、抑菌功效，杀菌谱广，可防治猝倒、枯、根腐、白绢、疫病、叶霉、灰霉等多种病害，且病菌不易产生抗性，主要作用机制是以绿色木霉菌通过重复寄生和营养竞争和裂解酶的作用杀灭病原菌，属微生物体农药。

【制剂】1.5 亿个活孢子/克、2 亿个活孢子/克可湿性粉剂，2 亿个活孢子/克、1 亿个活孢子/克水分散粒剂。

【使用技术】防治黄瓜、大白菜霜霉病，于发病初开始施药，亩用 1.5 亿个活孢子/克可湿性粉剂 200~300 克，加水 60 千克喷雾，7 天喷一次，连喷 3 次；防治油菜霜霉病和菌核病，亩用 1.5 亿个活孢子/克可湿性粉剂 200~300 克，加水 15 千克喷雾，7 天喷一次；防治小麦纹枯病，每 100 千克种子用 1 亿个活孢子/克水分散粒剂 2.5~5 千克拌种或亩用 1 亿个活孢子/克水分散粒剂 50~100 克，对水顺垄灌根 2 次。

【注意事项】应避免阳光和紫外线直射。露天使用时，最好于阴天或下午 4 时以后作业。

（四）井冈霉素

【其他名称】有效霉素。

【特点】具有极强的内吸性，也有治疗作用，可用于防治多种植物病害，对高等动物低毒，残效期为 15~20 天。

【制剂】5%、10%、15%、20% 可溶性粉剂，3%、5%、10% 水剂。

【使用技术】在蔬菜上应用，主要用于防治苗期立枯病和白绢病。对苗期立枯病，用 5% 水剂 500~1 000 倍液浇灌；对白绢病，用 10% 水剂 1 000 倍液喷施。

【注意事项】井冈霉素水剂中含有葡萄糖、氨基酸等适于微生物生长的营养物质，贮放时要注意防霉、防高温、防日晒，并要保持容器密封。

（五）农抗 120

【其他名称】抗菌霉素 120、120 农用抗菌霉素。

【特点】是刺孢吸水链霉素菌产生的水溶性抗生素，是一种广谱性抗生素，对人、畜低毒。

【制剂】2%水剂。

【使用技术】主要用于防治蔬菜、果树、花卉等作物的白粉病，对瓜果的炭疽病、番茄的疫病也有一定效果，一般使用浓度为2%水剂100~200倍液喷雾。

第四节　除草剂

一、旱田除草剂

芽前除草剂有乙草胺、甲草胺、异丙草胺、异丙甲草胺、精异丙甲草胺、二甲戊灵、仲丁灵、氟乐灵、敌草胺、氯嘧磺隆、苯磺隆、噻磺隆、啶嘧磺隆、异恶草松、咪唑乙烟酸、莠去津、丙炔氟草胺、乙氧氟草醚、嗪草酮等。

（一）甲草胺

【其他名称】拉索、澳特拉索、草不绿。

【特点】是一种选择性芽前除草剂，适用于大豆、玉米、花生、棉花、马铃薯、甘蔗、油菜等作物田，防除稗草、马唐、蟋蟀草、狗尾草、秋稗、臂形草、马齿苋、苋、轮生粟米草、藜、蓼等1年生禾本科杂草和阔叶杂草，对菟丝子也有一定防效。

【制剂】48%、43%乳油，15%颗粒剂。

【使用技术】在玉米、棉花、花生地上使用一般于播后出苗前，亩用48%乳油200~250毫升，加水35千克左右，均匀喷雾土表；在大豆田使用，于播后出苗前亩用48%乳油200~300毫升，加水35千克，均匀喷雾土表，用于防除大豆菟丝子，一般在大豆出苗前后，菟丝子缠绕的大豆茎叶，能较好地防除菟丝子，对大豆安全；用于番茄、辣椒、洋葱、萝卜等蔬菜田除草在播种前或移栽前，亩用 43%乳油 200 毫升，加水40~50 千克，均匀喷雾土表，用耙浅混土后播种或移栽，若施药后覆盖地膜，则用药量应适当减少 1/3~1/2。

【注意事项】甲草胺水溶性差，如遇干旱天气又无灌溉条件，应采用播前混土法，否则药效难于发挥；甲草胺对已出土杂草无效，应注意在杂草种子萌动高峰而又未出土前喷药，方能获得最大药效。

（二）异丙甲草胺

【其他名称】都尔、稻乐思。

【特点】属酰胺类选择性芽前土壤处理剂，主要通过幼芽吸收，而且禾本科杂草幼芽吸收能力比阔叶杂草强，可防除稗草、马唐、狗尾草、牛筋草、马齿苋、苋、藜、反枝苋、碎米莎草、油莎草等杂草，但对铁苋菜防效差，对人、畜、鸟类低毒。

【制剂】70%、72%、96%乳油。

【使用技术】可防除稗、马唐、狗尾草、画眉草等一年生杂草及马齿苋、苋、藜等阔叶性杂草，适用于马铃薯、十字花科、西瓜和茄科蔬菜等菜田除草。直播甜椒、甘蓝、大萝卜、小萝卜、大白菜、小白菜、油菜、西瓜、育苗花椰菜等菜田除草，于播种后至出苗前，亩用 72%乳油 100 克，加水喷雾处理土壤；移栽蔬菜田，如甘蓝、花椰菜、甜（辣）椒等，于移栽缓苗后，亩用 72%乳油 100 克，对水定向喷雾，处理土壤。

【注意事项】异丙甲草胺不适用于多雨地区和有机质含量低于 1%的沙土，而土壤湿度适宜有利于药效的发挥，如遇干旱，药效降低。

（三）二甲戊乐灵

【其他名称】施田补、二甲戊灵、除草通。

【特点】属于一种优秀的旱田作物选择性除草剂，可以广泛应用于棉花、玉米、直播旱稻、大豆、花生、马铃薯、大蒜、甘蓝、白菜、韭菜、葱、姜等多种作物田除草。

【制剂】30%、33%乳油，45%微胶囊剂，混配制剂有甲戊·乙草胺、甲戊·莠去津、苄嘧·二甲戊等。

【使用技术】旱稻，水稻旱育秧田亩用33%乳油150~200毫升，加水15~20千克，播种后出苗前表土喷雾；棉花亩用33%乳油150~200毫升，对水15~20千克，播种前或播种后出苗前表土喷雾，因北方棉区天气干旱，为了保证除草效果，施药后需混土3~5厘米；在烟草全田烟株50%以上中心花开放式进行打顶，并摘除长于2厘米的腋芽，打顶后24小时内用杯淋法施药。每株用稀释80~100倍液后的药液15~20毫升从烟株顶部淋下，施药1次，确保每个腋芽处能接触药液，也可以用于烟草田杂草处理。

【注意事项】本品在土壤中的吸附性强，不会被淋溶到土壤深层，施药后遇雨不仅不会影响除草效果，而且可以提高除草效果，不必重喷。

(四) 氟乐灵

【其他名称】特福力、氟特利。

【特点】是一种选择性、触杀型、芽前土壤处理低毒除草剂，可防除1年生禾本科以及种子繁殖的多年生杂草和某些阔叶杂草，容易被土壤吸附固定，残效期较长，毒性低，主要用于苗圃防除稗草、马唐、牛筋草、千金子、狗尾草、大画眉草、早熟禾、雀麦、马齿苋、藜、扁蓄、繁缕、猪毛菜、蒺藜草、野燕麦等。

【制剂】48%乳油。

【使用技术】在杂草出土前，亩用100~150毫升加水50~60千克均匀喷于土壤表面，施药后立即耕耘与土混匀。土壤湿度适宜有利于药效的发挥，如遇干旱，药效降低，由于易挥发和光解，施药后要及时混土。

（五）苯黄隆

【其他名称】巨星、阔叶净、麦黄隆。

【特点】选择性内吸传导型除草剂，可由植物的根、茎、叶吸收，并在体内传导，用于防除禾本科草坪中的双子叶杂草，如马齿苋、雀舌草、播娘蒿、苍耳、反枝苋、刺儿菜、苦荬菜、荠菜、藜、蓼等，对小蓟、田旋花、鸭跖草、铁苋菜效果较差，对禾本科植物安全，对人、畜低毒。

【制剂】75%水分散剂，10%、75%可湿性粉剂，20%可溶性粉剂。

【使用技术】小麦2叶期至拔节期，杂草苗前或苗后早期施药，一般用亩用10%可湿性粉剂10~20克，加水量15~30千克，均匀喷雾杂草茎叶，杂草较小时，低剂量即可取得较好的防效，杂草较大时，应用高剂量。

二、水田除草剂

芽前除草剂有丁草胺、丙草胺、莎稗磷、甲草胺、苯噻酰草胺、吡嘧磺隆、苄嘧磺隆、环丙嘧磺隆、乙氧磺隆、恶草酮、丙炔恶草酮、禾草敌、敌稗等。

（一）丙草胺

【其他名称】扫弗特。

【特点】是高选择性的水稻田专用除草剂，为保证早期用药安全，丙草胺常加入安全剂解草啶使用，适用于水稻防除稗草、光头稗、千金子、牛筋草、牛毛毡、窄叶泽泻、水苋菜、异型荷草、碎米莎草、丁香蓼、鸭舌草等1年生禾本科和阔叶杂草。

【制剂】50%水乳剂，50%、30%乳油。

【使用技术】在水稻直播田和秧田使用，先整好地，然后催芽播种，播种后 2～4 天，灌浅水层，亩用 30%乳油 100～115 毫升，加水 30 千克喷雾，保持水层 3～4 天。

（二）吡嘧磺隆

【其他名称】草克星、水星、韩乐星。

【特点】为选择性内吸传导型除草剂，主要通过根系被吸收，在杂草植株体内迅速转移，抑制生长，杂草逐渐死亡，水稻能分解该药剂，对水稻生长几乎没有影响，药效稳定，安全性高，持效期 25～35 天。

【制剂】10%可湿性粉剂，可与丁草胺、丙草胺等复配。

【使用技术】于水稻秧田、直播田、移栽田，可以防除一年生和多年生阔叶杂草和莎草科杂草，如异性莎草、水莎草、萤蔺、鸭舌草、水芹、节节菜、野慈姑、眼子菜、青萍、鳢肠，对稗草、千金子无效。一般在水稻 1～3 叶期使用，亩用 10%可湿性粉剂 15～30 克拌毒土撒施，也可对水喷雾，药后保持水层 3～5 天，移栽田，在插后 3～20 天用药，药后保水 5～7 天。

【注意事项】对水稻安全性好，但晚稻品种（粳、糯稻）相对敏感，应尽量避免在晚稻芽期施用，否则易产生药害。

（三）苄嘧磺隆

【其他名称】农得时、稻无草、便农。

【特点】选择性内吸传导型除草剂，药剂在水中迅速扩散，经杂草根部和叶片吸收后转移到其他部位，阻碍支链氨基酸生物合成，能有效防治稻田 1 年生及多年生阔叶杂草和莎草，加水稻安全，使用方法灵活。

【制剂】10%、30%可湿性粉剂，混配制剂有苄嘧·苯噻酰、苄·二氯、苄嘧·丙草胺、苯·苄·乙草胺等。

【使用技术】适用于稻田防除1年生及多年生阔叶杂草和莎草，在作物芽后，杂草芽前及芽后施药，对鸭舌草、眼子菜、节节菜等及莎科杂草（牛毛草、异型莎草、水莎草等）效果良好。

水稻秧田和直播田，播种后至杂草2叶期以内均可施药，防除1年生阔叶杂草和莎草，亩用10%可湿性粉剂20~30克，加水30千克喷雾或混细潮土20千克撒施，施药时保持水层3~5厘米，持续3~4天；水稻移栽田，移栽前后3周均可使用，但以插秧后5~7天施药为佳，亩用10%可湿性粉剂20~30克，防除多年生杂草并兼除稗草，药量可提高到30~50克，保水层5厘米施药，可加水喷雾，亦可混细土撒施，保持水层3~4天，自然落干。

芽后除草剂有二氯喹啉酸、西草净、扑草净、灭草松、2甲4氯钠、氰氟草酯、禾草丹、嘧啶肟草醚、五氟磺草胺、精恶唑禾草灵等。

（四）氰氟草酯

【其他名称】千金。

【特点】属芳氧基苯氧基丙酸类水稻田选择性茎叶处理除草剂，芽前处理无效，对莎草科杂草和阔叶杂草无效，主要防除稗草、千金子等禾本科杂草。

【制剂】10%、15%、100克/升乳油，国外剂型有10%水乳剂、10%微乳剂。

【使用技术】主要用于防除重要的禾本科杂草，对千金子高效，对低龄稗草有一定的防效，还可防除、马唐、双穗雀稗、狗尾草、牛筋草、看麦娘等，对莎草科杂草和阔叶杂草无效。防治千金子在2~3叶期时亩用药60~100毫升，在3~5叶期时每亩用药100~150毫升，在5叶期以上时每亩用药

150~200毫升，高浓度细喷雾，每亩用水量30~40千克，药液中加入有机硅助剂有利于提高防效。施药时土表水层应小于1厘米或排干（保持土壤水分处于饱和状态，使杂草生长旺盛，保证防效），施药后24小时灌水，防止新的杂草萌发。

（五）嘧腚肟草醚

【其他名称】韩乐天。

【特点】属于水田广谱性触杀和内吸作用的茎叶处理除草剂，加水稻移栽田、直播田的稗草、一年生莎草及阔叶杂草有较好的防除效果。

【制剂】1%、5%乳油。

【使用技术】防除水田绝杂草亩用1%乳油200~250毫升，5%乳油40~50毫升，加水30升，喷雾前将稻田中水排干，施药后1~2天复水5~7厘米，保水一周，该药剂施用一周内，水稻略有发黄现象，一周后恢复，不影响产量。

第五节　植物生长调节剂

植物生长调节剂，是用于调节植物生长发育的一类农药，包括人工合成的具有天然植物激素相似作用的化合物和从生物中提取的天然植物激素。

一、植物生长促进剂

植物生长促进剂是指具有促进植物细胞分裂、分化和延长作用的生长调节剂，可以促进植物营养器官的生长和生殖器官的发育。生长素类、赤霉素类等都是植物生长促进剂。

（一）萘乙酸

【其他名称】α-萘乙酸、NAA。

【特点】是广谱型植物生长调节剂，能促进细胞分裂与扩大，诱导形成不定根提高坐果率，防止落果，改变雌、雄花比率等，适用于谷类作物，增加分蘖，提高成穗率和千粒重；棉花减少蕾铃脱落，增桃增重，提高质量；果树促开花，防落果、催熟增产；瓜果类蔬菜防止落花，形成小籽果实；促进扦插枝条生根等。

【制剂】1%、20%、40%可溶性粉剂，0.1%、1%、5%水剂，1%水乳剂，2.5%水乳剂，混配制剂有硝钠·萘乙酸、萘乙·乙烯利、吲丁·萘乙酸等。

【使用技术】小麦在小麦播种前，用40毫克/千克药液浸种6小时，可提高其抗寒、抗旱、抗盐碱能力，促进其发根分蘖；在小麦返青期用10~30毫克/千克药液喷洒，可提高有效分蘖率；在小麦拔节期用20~50毫克/千克药液喷洒，可促进其增穗增粒；在小麦灌浆期用20毫克/千克药液喷洒，可使其籽粒饱满，粒重增加；在番茄、黄瓜、茄子花期用10~30毫克/千克药液喷洒，可使植株生长旺盛，提高产量，改善品质；在一些花卉和果树的扦插繁殖中，用50毫克/千克药液浸泡插条基部2~3厘米处12~24小时，可促进生根，提高成活率。

（二）赤霉酸

【其他名称】赤霉素、九二〇、奇宝。

【特点】是植物体内普遍存在的内源激素，是广谱性植物生长调节剂，具有打破休眠，促进种子发芽，果实提早成熟，增加产量，调节开花，减少花、果脱落，延缓衰老和保鲜等多种功效。

【制剂】4%乳油，85%结晶粉，3%、5%、20%、40%可溶性粉剂，4%水剂等。

【使用技术】小麦在扬花期用20毫克/千克药液喷洒，可防止花果脱落，促进结实；棉花在盛花期到幼铃期用10~20

毫克/千克药液喷洒,着重喷花和铃,可减少落铃;葡萄在谢花后长到绿豆大小时用 100~200 毫克/千克药液蘸果穗,可促进果实膨大,产生无籽果实。

【注意事项】赤霉素粉剂不溶于水,使用时先用少量酒精或白酒溶解,再加水稀释到所需浓度,水溶液容易失效,要现用现配;赤霉素水剂在使用中一般不需要酒精溶解,直接稀释便可以使用,使用时直接稀释使用,稀释为 1 200~1 500 倍液。

(三) 氯吡脲

【其他名称】氯吡苯脲、调吡脲、施特优、膨果龙。

【特点】是一种具有细胞分裂素活性的苯脲类植物生长调节剂,广泛用于农业、园艺和果树,促进细胞分裂,促进细胞扩大伸长,促进果实肥大,提高产量,保鲜等。

【制剂】0.1%可溶液剂。

【使用技术】葡萄于谢花后 10~15 天用 0.1%可溶性液剂 10~100 倍液浸渍幼果,可以提高坐果率,单果重增加,使果实膨大,增重,增加可溶性固体物的含量;脐橙在生理落果前,即谢花后 25~30 天,用 0.1%可溶性液剂 50~200 倍液喷施树冠涂果梗密盘二次,可显著提高坐果率,防止落果,加快果实生长;枇杷在幼果直径 1 厘米,用 0.1%可溶性液剂 100 倍液浸幼果,1 个月后再浸一次果,果实受冻后及时用药,可促使果实膨大;草莓采摘后用 0.1%可溶性液剂 100 倍喷果或浸果,晾干保藏,可延长贮存期。

【注意事项】氯吡脲用作坐果,主要向花器、果实处理,在甜瓜、西瓜上应慎用,尤其在浓度偏高时会产生副作用;葡萄使用浓度过高,易降低可溶性固形物含量,增加酸度,减慢着色,延迟成熟;老、弱、病株或未疏果的弱枝上使用,果粒膨大不明显;为保证果粒膨大所需养分,应适当疏果,留果量不宜过多。

二、植物生长抑制剂与延缓剂

植物生长延缓剂是延缓植物的生理或生化过程，使植物生长减慢。这是因为它只是使茎部的亚顶端区域的分生组织的细胞分裂、伸长和生长的速度减慢或暂时受到阻碍，经过一段时间后，受抑制的部位即可恢复正常生长，而且这种抑制现象可以用外施赤霉素或生长素的办法使之恢复。在农业生产上常用于控制徒长，培育壮苗；控制顶端优势，促进分蘖或分枝，改善株型；矮化植株，使茎秆粗壮，抗倒伏；诱导花芽分化，促进坐果；延缓茎叶衰老，推迟成熟，增产，改善品质，等等。

植物生长抑制剂主要是抑制植物的顶端分生组织的细胞分裂及伸长，或抑制某一生理生化过程，在高浓度下这种抑制是不可逆的。不为赤霉素、生长素所逆转而解除，在低浓度下也没有促进生长的作用，多用于抑制萌芽、抽薹开花、催枯、脱落、诱导雄性不育等。

（一）氯苯胺灵

【特点】氯苯胺灵既是植物生长抑制剂又是除草剂。由于具有抑制 β 淀粉酶活性，抑制植物 RNA、蛋白质的合成，干扰氧化磷酸化和光合作用，破坏细胞分裂，因而常用于抑制马铃薯贮存时的发芽，也可用于果树的疏花、疏果。

【制剂】0.7%、2.5%粉剂，49.65%热雾剂。

【使用技术】用于马铃薯抑芽，在收获后待损伤自然愈合（约 14 天以上）和出芽前使用，将药剂混细干土均匀撒于马铃薯上，使用剂量为每吨马铃薯用 0.7%粉剂 1.4~2.1 千克或用 2.5%粉剂 400~600 克。

（二）多效唑

【其他名称】氯丁唑、高效唑。

【特点】植物生长延缓剂，能抑制根系和植株的营养生长，抑制顶芽的生长，促进侧芽萌发和花芽的形成，提高坐果率，改善品质和增强抗逆性等，在花卉上使用，可使株型挺拔、姿势优美，对人、畜低毒。

【制剂】10%、15%可湿性粉剂，25%悬浮剂。

【使用技术】在水稻长秧龄的秧田，于秧苗1叶1心期，亩用10%可湿性粉剂300克加水50升喷雾，可控制秧苗高度，培育分蘖多、发根力强的壮秧；在插秧后，于穗分化期，亩用10%可湿性粉剂180克，加水50~60升喷雾，可改进株型，使之矮化，减轻倒伏。

（三）烯效唑

【其他名称】特效唑。

【特点】属广谱性、高效植物生长调节剂，兼有杀菌和除草作用，是赤霉素合成抑制剂，该品用量小、活性强，不会使植株畸形，持效期长，对人、畜安全，可用于水稻、小麦、玉米、花生、大豆、棉花、果树、花卉等作物，可茎叶喷洒或土壤处理，增加着花数。

【制剂】5%可湿性粉剂，5%乳油。

【使用技术】水稻一般用5%可湿性粉剂350~500倍液浸种36~48小时，然后稍加洗涤催芽，可培育多蘖矮壮秧、移栽后不败苗，促早发棵、早分蘖，增穗增粒，平均增产8%左右。

（四）矮壮素

【其他名称】三西、稻麦立。

【特点】是一种优良的植物生长调节剂，抑制作物细胞伸长，但不抑制细胞分裂，能使植株变矮，秆茎变粗，叶色变绿，可使作物耐旱耐涝，防止作物徒长倒伏，抗盐碱，又能防止棉花落铃，可使马铃薯块茎增大，可用于小麦、水稻、棉花、烟草、玉米及番茄等作物。

【制剂】50%水剂，80%可溶性粉剂。

【使用技术】水稻拔节初期用50%水剂稀释300倍液喷洒全株，可矮化、抗倒伏，使籽粒饱满、增加产量。

第四章　农药施用方法

第一节　农药剂型及农药喷雾助剂

农药不同，防治谱不同，一种农药可能对多种有害生物有效，如生产上常用的辛硫磷既可防治食叶类害虫菜青虫、棉铃虫和小菜蛾等，又可防治地下害虫蛴螬、金针虫、地蛆等。根据农药的不同用途，农药原药可以加工成不同的剂型以适应不同的需要，便于使用。从市场上购买的具有一定物理形态的农药产品，称为农药制剂，而这种特定的物理形态就是"农药剂型"，如乳油、颗粒剂、粉剂、可湿性粉剂等；每一种剂型又可加工成多种规格的产品，称为"农药制剂"，如20%辛硫磷乳油、40%辛硫磷乳油、3%辛硫磷颗粒剂等。在防治有害生物时，要根据有害生物的特点选择不同的农药剂型来使用，如果想选购辛硫磷来防治小菜蛾、菜青虫等，则应该选择乳油，对水后进行叶面喷洒使用；如果防治花生、甘薯、马铃薯等作物的地下害虫蛴螬，则应选择颗粒剂直接撒施，进行土壤处理；如果在玉米喇叭口期防治玉米螟，应选择辛硫磷颗粒剂，撒施到玉米喇叭口中即可。

一、主要农药剂型及其质量标准

常见的农药剂型有固态剂型、液态剂型、胶态剂型和气态剂型。在购买农药前要根据有害生物的特点选择合适的农药剂型。固态剂型外观是固体形态，如粉剂、可湿性粉剂、可溶性粉剂、干悬浮剂、粒剂、烟剂等。虽然都是固态剂型，但用途和用法各不相同。液态剂型包括乳油、乳剂、悬浮剂、水剂、油剂等，液态剂型大多可喷雾使用，但有的需要稀释配制后喷雾，有的不需配制可以直接喷洒如油剂。

（一）粉剂

粉剂（DP）的组分主要有农药原药、填料（稀释作用）、分散剂（便于喷撒）等，是一种不需稀释直接使用的剂型。主要用途是喷粉、拌种、土壤处理等。粉剂根据用途不同，可以分为供直接喷粉使用的普通粉剂、撒在污水表面防治蚊子幼虫的浮游粉剂、撒于鼠道上防治老鼠的追踪粉剂以及专用于拌种用的拌种粉剂和用于温室大棚的粉尘剂等。

供拌种用的粉剂对粉粒细度要求很高，以便于粉粒牢固地沾附在种子表面，所以作为农药商品，也特称为"拌种剂"。对于供温室大棚内作为粉尘法使用的粉剂，要求在棚室空间能形成较稳定的飘尘，则特称为"粉尘剂"。粉剂的细度直接影响粉剂的药效，一般地，粉剂细度越大，即粉粒越细，药效越好；但细度太大，在大田使用容易引起漂移污染。所以现在有一种供大田使用的粉剂，粒径较大，称为抗漂移粉剂（DL粉）。

中国粉剂的粒径大小是95%通过200目筛，即95%的粉粒粒径小于75微米；日本的标准是98%通过320目筛，即98%的粉粒粒径小于46微米；欧美的标准是98%通过325目筛，即98%的粉粒粒径小于44微米。粉剂外观应是自由流动的粉末，不应有团块。

（二）可湿性粉剂

可湿性粉剂（WP）的组成主要有农药原药、填料、润湿剂等，这种剂型可以被水湿润，在水中形成相对稳定的悬浮液，供喷雾使用。可湿性粉剂中的润湿剂是一种表面活性剂，使可湿性粉剂具有一定的湿润性、分散性，并且对水后喷洒到固体表面上可以很快润湿固体表面，并在固体表面上铺展，形成一层均匀的药膜，对作物表面或其他固体表面覆盖良好，保证了药效。可湿性粉剂粉粒粒径的大小直接决定了对水后所形成的悬浮液的悬浮性和稳定性，粒径越小，悬浮性越好，越稳定；粒径大，则悬浮稳定性差，在喷洒时容易沉淀，堵塞喷雾器。

可湿性粉剂对原药、填料的理化性质要求不高，一些既不溶于水也不溶于一般有机溶剂的原药均可加工成可湿性粉剂。该剂型相对于乳油来说，具有包装简单、便于运输、毒性小、不含有机溶剂、对环境污染轻等优点；但是，可湿性粉剂在配制药液时要注意，由于是粉状农药，所以从包装物倒出时，要佩戴口罩，以防飘扬起的粉尘吸入体内，造成中毒事件。

中国可湿性粉剂的主要质量指标是：①润湿性，润湿时间不超过 120 秒；②悬浮率在 70% 以上；③细度，95% 或 98% 以上的颗粒通过筛。可湿性粉剂外观应是流动的粉末状物，不应出现粉粒团聚、结粒、结块现象，否则影响药粉取用。

（三）颗粒剂

颗粒剂（GR）的组成主要有农药原药、载体、黏结剂等，加工成固体不同形状的颗粒。可以是小粒圆球形、小短圆柱形或碎块形（块粒剂）。颗粒剂按照遇水后的解体性可分为崩解型颗粒剂和非崩解型颗粒剂。颗粒剂是一种低毒化剂型，使用时是直接撒施颗粒，不需要喷雾，减少了人及环境中的有益生物与农药接触的机会，是一种环保剂型。许多高毒农药制成颗粒剂使用，使高毒农药低毒化，如克百威（呋喃丹）等，目前只有颗粒剂一种剂型（限制种用），使用起来只要佩戴一副手套就可以保证安全。但有的人将颗粒剂泡水后喷雾使用，以为这样可以防治叶面害虫，这样做是绝对不允许的。高毒农药做成颗粒剂是为了低毒化使用，而一些高毒农药喷雾危险性极大，极易发生中毒死亡事件；另外，颗粒剂的加工成本较高，泡水喷雾也不合算。颗粒剂虽是一种低毒化剂型，但毕竟是固体，在包装、运输和使用过程中，会有一些粉粒从颗粒上脱落，在倾倒时易发生飞扬，被操作者吸入体内，发生中毒危险，所以在使用时也应戴口罩和面罩。

颗粒剂的主要质量指标是：①粒度，90%（质量）达到粒度规格标准；②颗粒完整率在85%以上，即破碎率应小于15%；③有效成分从载体上脱落率（粉状）在5%以下。

颗粒剂一般用于直接撒施、局部用药或全田用药均可。可随施肥、中耕等施于田间。播种前与肥料一起撒施于田间，再翻耕混入土中即可。

（四）干悬浮剂

干悬浮剂（DF）是可湿性粉剂和悬浮剂的衍生剂型，其组成与可湿性粉剂大体相似，但是粒径要小很多，与悬浮剂相当，所以药效高于可湿性粉剂。对于一些价格昂贵、药效高，加工成可湿性粉剂不能完全发挥其性能的农药原药，可加工成悬浮剂使用。但悬浮剂包装运输不方便，寒冷地区易结冰等，所以加工成干悬浮剂以克服这些缺点。干悬浮剂与可湿性粉剂一样，容易发生粉尘飘扬，所以配制农药药液时要注意防护。使用方法同可湿性粉剂。国外将水分散粒剂归属于干悬浮剂。

（五）水分散粒剂

水分散粒剂（WDG）是一种喷雾用剂型。这种剂型也是固体颗粒状，但它不是直接撒施使用的粒剂，而是对水后制成悬浮液供喷雾用的剂型。其组成与可湿性粉剂大致相同，只是添加了黏结剂，使各组分成形造粒。其是可湿性粉剂的一种衍生剂型，克服了可湿性粉剂倾倒、配制时易发生粉尘飘扬的缺点。市场上有些水分散粒剂在水中的悬浮性、稳定性和分散性都远远超过了可湿性粉剂。

水分散粒剂由原药、润湿剂、分散剂、隔离剂、稳定剂、黏结剂、填料或载体组成，入水后即迅速崩解并在水中形成良好的悬浮液。有效成分含量一般比较高，多在70%以上，另外，制剂不含水，储存稳定性高，流动性好，计量方便。

（六）可溶性粉剂

可溶性粉剂（SP）的组成主要有农药原药、填料等，是一种可溶于水、在水中形成真溶液的剂型。可溶性粉剂有效成分一般含量较高，在50%以上，有的高达90%，如晶体敌百虫、敌百虫原粉等。但可溶性粉剂中表面活性剂（如润湿剂）含量很少或根本没有，所以在使用时注意添加润湿剂，否则润湿性不够，药液喷洒到作物表面后容易流淌，很难在作物表面形成有效的药膜。市场上可以买到相应的喷雾助剂，在施药时添加到药液中，增加药液的润湿性，提高在作物表面上的湿润展布能力。

可溶性粉剂的主要性能指标是在水中的溶解时间，全溶解时间一般小于2~3分钟。由于该剂型的原药为水溶性，易吸湿结块，应特别注意防湿包装和在干燥条件下储存。

（七）微胶囊剂

微胶囊剂（MC）又称微囊剂，是利用天然的或合成的高分子材料，将固体或液体农药包覆而成的直径为30~50微米的微小胶囊，外观粉末状。微胶囊包括囊壁和囊芯两部分，囊芯是农药有效成分，囊壁是成膜的高分子材料。农药上常见的剂型是微胶囊悬浮剂（CS）。微胶囊剂是一种缓释剂，即微囊中的农药有效成分通过囊壳缓慢释放出来，可以使药剂的持效期延长。它也是一种安全剂型，毒性较高的农药采取微囊剂可以减少对施药人员的毒性风险。

微囊剂稀释液的悬浮率要求在 50%～70%，少数产品要求 80%。

（八）烟剂

烟剂（FU）是一种特殊用途的剂型，可以用火点燃而发烟，属于易燃品。烟剂是由化学发热剂、燃烧剂、消燃剂和农药有效成分组成。化学发热剂与燃烧剂的混合，在受热后就可能发生连锁反应而产生很高的热量，使农药汽化。热的气态农药喷入空气中后迅速冷却，重新凝聚成为固态微粒。微粒的细度可达 1 微米以下，因此能在空气中长时间悬浮和扩散运动，形成烟云。可以制备烟剂的农药有限，必须在高温下稳定的农药才能加工成烟剂使用。烟剂使用时要求满足一定的条件，即相对密闭的空间。设施农业栽培措施使烟剂得到了广泛应用。

农药烟剂的质量指标之一是成烟率。以烟剂燃烧时农药有效成分在烟雾中的含量与燃烧前烟剂中农药有效成分含量的百分比表示。烟剂有效成分成烟率要求大于 80%，蚊香有效成分成烟率要求大于 60%。

（九）饵剂

饵剂（RG）即人们常说的毒饵剂，是将农药有效成分与有害生物喜食的饵料混合，或加入引诱剂，制成的能够诱引有害生物前来取食的一种剂型，可以是片状、粒状、粉状或其他不同形态。常见的各类杀鼠剂都是饵剂。在农业生产上经常用的防治陆生有害软体动物如蜗牛、蛞蝓等的四聚乙醛颗粒剂，实质上也是一种饵剂。四聚乙醛对陆生软体动物有很强烈的引诱作用，但它必须被蜗牛、蛞蝓取食后才能发挥作用，几乎没有触杀作用。

毒饵剂也是一种直接使用的剂型。撒施在有害动物经常出没的地方即可。但撒施杀鼠剂要注意对其他动物的安全性，以防其他动物误食发生中毒事件。

（十）乳油

乳油（EC）主要组分有农药原药、有机溶剂、乳化剂等，对水后形成均匀的乳状液供喷雾、泼浇使用。所谓乳状液就是细小的油珠分散在水中，形成外观是乳白色稳定状态的液体。乳油根据对水后形成的乳状液的物理状态可分为三类：

（1）可溶性乳油。其农药原药溶于水，在水中可以形成透明的真溶液，农药原药以分子状态分散在水中。这类乳油中乳化剂用量极少或者不含乳化剂，所以使用后对固体表面的润湿性不够，要注意添加表面活性剂使用。

（2）溶胶状乳油。对水后形成清乳状的乳状液，油珠颗粒较小，可小于0.2微米，有着良好的乳化性、分散性和稳定性。

（3）乳浊状乳油。对水后形成浓乳白色乳状液，分散在水中的油珠颗粒为0.2~10微米，乳化性、分散性和稳定性一般合格。

一些过期的乳油，对水后形成的乳状液是苍白色，乳化性、稳定性不合格，分散在水中的油珠颗粒一般大于10微米。这种乳状液放置一会儿可能上有浮油下有沉淀，使用后会有严重药害，或者药效不均匀，应严禁使用。

（十一）水（浓）乳剂和微乳剂

水乳剂（EW）的组成主要有亲油性的农药原药或低熔点固体原药、少量水不溶的有机溶剂、乳化剂、增溶剂和水等，外观是不透明的乳白色液体。避免了乳油中大量使用有机溶剂的缺点。农药原油以小油珠（粒径<10微米）的形式分散在水中，实质上是一种乳状液。水乳剂的含量一般为20%~50%。

微乳剂（ME）在外观上是透明的液体，其组成与水乳剂大致相同，但分散在水中的农药油珠颗粒更小（粒径在0.01~0.1微米），属于胶体范围，药效更高，可以与乳油媲美。微乳剂有效成分含量一般为5%~50%。

主要质量要求为：水乳剂外观是稳定的乳状液，允许少量分层，轻微摇动或搅动应是均匀的；稀释成一定倍数的乳状液的稳定性应该上无浮油下无沉淀。微乳剂外观为稳定透明的均相液体；与水可以任意比例混合，稀释液透明，无油状物和沉淀。

水乳剂和微乳剂避免了使用大量的有机溶剂，所以克服了乳油的缺点，是一种环境友好农药剂型。二者的使用方法同乳油，主要是对水喷雾用。

（十二）悬浮剂

悬浮剂（SC）的主要组成有农药原药、矿物填料、润湿剂、分散剂、黏稠剂和水，外观是浑浊的悬浮液。一些价格昂贵、药效高的农药原药加工成可湿性粉剂不能完全发挥其性能，而悬浮剂的粒径较小，中国国家标准是<15微米，欧美标准为<5微米，均径在2~5微米，可以使农药药效得到充分发挥。悬浮剂也是一种对水喷雾用剂型。

悬浮剂的主要质量指标是，外观为黏稠的可流动性悬浮液体，悬浮率一般要求在2年储存期内不低于90%；倾倒性合格。

（十三）气雾剂

气雾剂（AE）由农药原药、溶剂和喷射剂等组成，市场上的气雾剂都有特定的包装，可直接使用，不需要其他器械。主要用于防治蚊子、苍蝇等卫生害虫，农业有害生物的防治很少用到气雾剂。

（十四）水剂

水剂（AS）是农药原药的水溶液剂型。一些易溶于水且在水中理化性质稳定的农药原药可以直接加工成水剂使用。水剂的组成主要有可溶于水的农药原药、水及少量表面活性剂、防冻剂等，药剂以分子状态或离子状态分散在水中形成的真溶液制剂。水剂的使用方法同乳油和乳剂，对水做常量喷雾。

（十五）可溶性液剂

可溶性液剂（SLX）是由原药、溶剂、表面活性剂和防冻剂组成的均相透明液体制剂，用水稀释后有效成分形成真溶液。一些农药原药可以溶于水，但是在水中不稳定，易分解失效，不能加工成水剂，但可以加工成可溶性液剂。可溶性液剂的组成有可溶于水的农药原药、大量亲水性的极性溶剂、增溶剂、乳化剂等，外观与微乳剂和水剂一样，清澈透明。可溶性液剂的使用方法是对水做常量喷雾。但是，这种剂型加入了大量极性有机溶剂和多种助溶剂和乳化剂，除非特殊需要，不建议在大田中使用。这种剂型与水剂和浓乳剂、微乳剂的根本区别在于并非水基化剂型。

（十六）油剂或超低容量喷雾剂

油剂（OL）是农药原药的油溶液剂型，其组成主要有农药原药、油溶剂及助溶剂或化学稳定剂。这种剂型专供超低容量喷雾用，所以又称超低容量喷雾剂（ULV）。该剂型一般含有效成分20%~50%，使用时不需稀释，直接喷洒。超低容量喷雾剂的使用需要超低容量喷雾器，常见的背负式喷雾器不能使用该剂型。由于机械的限制，在农村这种剂型不常见。

另外一种油剂剂型，必须配套使用烟雾机，又被称为热雾剂。药剂在烟雾机的烟化管内与高温高速气流混合，立即喷射，形成雾（液态原药）或烟（固态原药）。

（十七）种衣剂

种衣剂（SD）是含有成膜剂的专用种子包衣剂型，处理种子后可在种子表面形成牢固的药膜。国内目前常见的是悬浮种衣剂和干粉种衣剂两种。种衣剂的特点是针对性强，高效、经济、安全、持效期长，具有防病、防虫、增加微肥和调整种子粒径的作用。种衣剂不是特定的剂型。它是由原药加助剂构成一定的剂型，再加成膜剂和警戒色，如悬浮种衣剂、干粉种衣剂等。种衣剂中的成膜剂，即黏结剂，多为高分子聚合物，透水透气性好，成膜快，不易脱落。

种衣剂对种子的处理多为机械操作，流水作业。农户利用种衣剂自行包衣种子时，一定要将种子包裹均匀，按照标签说明进行操作，如果包衣不匀，可能对种子萌芽造成影响，一定要慎重。

种衣剂的质量指标为：种衣剂的细度直接影响成膜质量，对悬浮种衣剂要求95%粒径小于等于2微米，98%粒径小于等于4微米；成膜性是衡量种衣剂质量的重要指标，其好坏影响种子包衣质量。好的种衣剂在自然条件下进行包衣后，能迅速固化成膜，并牢固附着在种子表面，不脱落、不粘连、不成块。固化成膜时间一般不超过15分钟，种衣剂脱落率不高于0.7%。

二、农药喷雾助剂

农药助剂是在农药中添加的可以显著改善或提高农药性能的物质，农药助剂可以分为两类，即农药加工助剂和农药喷雾助剂。农药加工助剂是在农药加工过程中添加到有效成分中的物质，这些物质可以使农药制剂便于混合和使用，提高农药的安全性和药效，改善农药在靶标上的沉积性，如表面活性剂、润湿剂、乳化剂、助溶剂、展着剂、黏着剂、分散剂等；农药喷雾助剂是在农药使用时现场添加到药液中用以提高有效成分活性及改善药液物理性能的任何物质，为了与农药制剂中加入的助剂相区别，称为农药喷雾助剂。

可以与喷雾助剂混合使用的农药除了除草剂外，还包括杀虫剂、杀菌剂，但是不同的农药只能与特定类型的喷雾助剂混合使用，一种助剂不可能对一切农药都增效。

（一）农药喷雾助剂分类

农药喷雾助剂又称为桶混助剂，从用途上可以分为两大类，即活性助剂和特殊用途助剂。

1. 活性助剂

活性助剂包括表面活性剂、润湿剂、油基类、黏着剂和穿透剂。主要作用是提高药滴在靶标上的铺展性、提高抗雨水冲刷能力以及提高植物的吸收能力。其原理是通过改变药液的理化性质如药液的黏稠度、表面张力和溶解性来提高药液的性能。一般认为这类喷雾助剂（生产上称为增效助剂）的应用是帮助喷洒液在靶标（作物体或有害生物体）上牢固地附着并能滞留一定时间。

（1）黏着剂。黏着剂是一种能够提高固体颗粒在靶标表面上的黏附性的助剂。黏着剂通过提高农药固体颗粒与靶标间的黏着性而提高农药在靶标上的停留时间。其主要用途是减少农药因雨水、灌溉、风和叶片间的摩擦而引起的农药流失、散失等浪费现象。黏着剂还可以减少农药蒸发和紫外线降解。许多助剂产品中包括一种润湿剂和一种黏着剂（一种胶乳或其他不干胶），制成具有通用用途的产品，即分散—黏着剂。分散—黏着剂作为通用助剂用于杀虫剂、杀菌剂。商品制剂有基于胶乳的产品如 Bond 和 Nufiln。

（2）渗透剂和超级展着剂。渗透剂和超级展着剂皆为表面活性剂，这些表面活性剂可以提高某些农药对植物的渗透性。可能对一种农药来说，一种渗透剂只能提高对一种植物的渗透性。提高渗透性可以提高内吸输导型除草剂、激素类除草剂和内吸性杀菌剂的药效。有机硅类是超级展着剂。用于除草剂商品的有机硅超级展着剂有 Penetra、Brushwet 和 Pulse。国外研究开发了"改进有机硅"，适合于在果园、大田作物中使用。与传统的有机硅相比，"改进有机硅"对植物毒性小且可用于触杀型除草剂，它能够降低喷雾量，提高覆盖面积和药效，减少雾滴漂移，改善药液的穿透性。改进的商品有机硅超级展着剂包括 Du-Wett 和 BondXtra。

（3）消泡剂。由于某些剂型中含有表面活性剂，在喷雾时喷雾罐内药液又在不断搅动，因此很容易产生泡沫。使用时可以在药液中加入少量的消泡剂来消除泡沫。消泡剂也是一种表面活性剂。

（4）油基类喷雾助剂。油基类助剂能够增加药液的黏度、降低表面张力、溶解叶片表面蜡质层，从而增加药液的覆盖面积，提高药液的附着性和穿透性；还可增加雾滴直径，减少易飘移的小雾滴数，提高农药的利用率，并能降低因飘移引起的环境污染等问题。

2. 特殊用途喷雾助剂

特殊用途喷雾助剂包括缓冲剂、酸化剂、抗漂移剂和诱食剂等。常用于改变喷雾液的物理环境，使农药剂型能有效地发挥其功能，有些情况下也可能改变喷雾液的物理性质。

（1）缓冲剂和酸化剂或 pH 值改变剂。是一类含有磷酸盐的用于调节喷雾液 pH 值（酸碱度）的助剂。一般地，农药在弱酸性至中性环境即 pH 值 5~7 的溶液中更稳定。pH 值高于 7，农药可能发生碱解，溶液的 pH 值越高，降解发生的可能性就越大。缓冲剂可以降低碱性溶液的 pH 值，并保持溶液的 pH 值在一定范围内稳定不变，即使水的酸碱性发生变化，药液的 pH 值也不变。酸化剂可中和碱性溶液，降低 pH 值，但不能使溶液保持恒定的 pH 值。商品缓冲剂和酸化剂包括：Companion、L1-700 和 AP700。Primabuff 是一种多功能助剂，其中含有一种缓冲剂。有些农药本身易碱解，在制剂中可能混有一种缓冲剂。

（2）水质调节剂。这类助剂具有结合硬水中钙镁离子的能力。喷雾液中这些离子过多可能与敏感的农药发生反应产生沉淀，影响药液在植物表面上的湿润性和分散展布性。农药级硫酸铵常用于软化水质，特别是对弱酸性除草剂（如草甘膦等）药效的提高非常有用。用于解决硬水问题的商品制剂有 Liquid Boost 和 Liase。这类助剂一般推荐用于特定的农药上。

（3）抗漂移剂。漂移是小雾滴的特点，小于 100 微米的雾滴都可能发生漂移。抗漂移剂或助沉积剂能够增大雾滴的平均粒径，改善农药雾滴在靶标上的沉积。在敏感地点（附近有敏感动物和植物，如蜜蜂等）周围施药时，使用抗漂移剂减少漂移非常重要，即使造成药效的轻微降低也是值得的。

（4）增稠剂。顾名思义，增稠剂能够提高喷雾液的黏度。其作用是控制雾滴漂移和降低沉积到靶标上的药液的蒸发速度。应用内吸性农药防治有害生物时，降低蒸发速度非常重要，因为农药只有在药液中才能渗透到植物内部。一旦水分蒸发完毕，任何没有被吸收的农药都会遗留在叶片表面，只有重新溶解后才能被植物吸收。

（5）相容剂（又称掺合剂）。喷洒农药时常常几种农药或者农药与肥料混合使用。但是有些农药间或农药与化肥间的混合使用，可能产生物理不相容和化学不相容现象，造成药液黏稠凝结、沉淀、分层（老百姓称"起豆腐脑"），以至于有时这种不相容的药液可能堵塞药泵和喷洒管道，难于维修和清洗。

在药液中添加相容剂前一定要仔细阅读标签，最好在一个小的容器中做一下相容性试验以测定混合药液的稳定性。试验时将农药依次添加到水中，最后加入相容剂，摇匀，然后静置一定时间（15~30 分钟），查看药液是否凝聚结块、分层、黏厚和放出热量等。上述任何现象发生，都说明药液混合体系不相容，应重新选择相容剂。

（二）正确选择和使用喷雾助剂

在选择农药喷雾助剂时需要考虑的因素有很多，以下是一些应该注意的事项：

（1）选择专门开发用于农业、林业的农用喷雾助剂，不要使用一般的工业产品或家庭用洗涤剂，以免影响农药的活性。有人用家庭用洗衣粉或洗洁精（二者都是表面活性剂）作为喷雾助剂，这种做法欠妥当，因为家庭用的洗涤剂多是复合配方，可能碱性较大，或者加入了一些能使农药有效成分分解的组分。

（2）许多农药剂型已经含有提高农药性能的必要助剂，这些农药剂型的标签中一般不会提到要使用喷雾助剂。

（3）确信将要使用的喷雾助剂已做过完整的药效试验，有疑问或不确定的产品要小范围试验后再大面积使用。

（4）特定的农药需要特定类型的助剂，在使用时要正确选择助剂。例如，当农药标签上推荐使用的是非离子型表面活性剂时，就不要选用阴离子型的表面活性剂。对用于茎叶处理的保护性杀菌剂和触杀性农药，不要使用能提高对植物表皮穿透性的喷雾助剂。另外，一种润湿剂可能只适合一种农药，如果是多种农药混合使用，在使用前要仔细阅读每一种农药的标签，以获得有关信息。某种农药因某种用途需要添加一种或多种助剂，这可能要禁止加入其他用途的助剂。

（5）推荐的农药喷雾助剂可能因剂型的变化而发生变化，或因施药技术和程序的改变而改变。

（6）并非在任何喷雾情况下都需要农药喷雾助剂，了解在什么情况下不需要农药喷雾助剂与了解在什么情况下需要农药喷雾助剂同等重要。喷雾助剂加入到喷雾液中后其性能可能受到农药制剂中的助剂的影响，这些影响是不可预期的，所以在进行大面积喷洒前要在小范围内进行试验。也可以进行药液浸渍试验以测试喷雾液中是否含有过量的润湿剂。

（7）做好农药混合配制的安全性、相容性和有效性记录，包括农药剂型、喷雾助剂、剂量等。

一般地，农药制剂都已经包含有农药助剂，如乳油中含有乳化剂、可湿性粉剂中含有润湿剂等。对于一个已经很适合喷洒使用的农药制剂，如果再加入湿润–展布剂，可能会进一步提高农药的展布性和覆盖面积，从而造成药液流淌，减少了在靶标作物上的沉积，甚至对靶标作物造成严重药害。如果作业者很清楚自己的需要，并且了解产品的局限性，那么喷雾助剂将对喷雾防治有很大的帮助。

第二节 农药的用量

一、农药的用量

一般农药手册或植保手册中所推荐的用药量是参考用量，实际应用中如果还没有当地的直接经验，则最好先进行预备性的应用试验，找出较为合理的用药量。有些农药的推荐用药量往往偏高。

用药量确定后，须配成一定的浓度来使用。通常所说的加水多少倍，就是使用浓度的一种表示方法。

但是，喷雾液浓度与用药量不是一回事。因为在喷雾液浓度相同的情况下，若单位面积上的喷雾量不同，则单位面积上的药剂沉积量也不相等。例如，喷洒敌百虫的 500 倍液，浓度应为 0.18%，即 0.001 8 千克/升，若喷雾量为每公顷 1 500 升，每公顷用药量为。

1 500 升×0.001 8 千克/升＝2.7 千克

若喷雾量为每公顷 750 升，则每公顷用药量降低为 1.35 千克。因此，喷了相同浓度的药液并不等于喷了相同的药量。另外，由于田间喷雾量的大小常常因人而异，有很大的主观随意性。有人喜欢把植株喷得整株淌水，认为这样才算"喷透"（其实这种喷法是错误的），这样就要喷大量药液，而有人则喷得较少。怎样才算"喷透"？各人掌握的分寸也不尽相同，甚至受喷雾器性能和质量的影响也很大。因此，实际上喷雾量往往是不稳定的，有时偏高，有时偏低，从而防治效果也跟着发生波动。

正确的做法是，根据每公顷地所需用的有效成分药量，再根据喷洒机具是大容量喷雾还是低容量弥雾或吹雾，确定每公顷所需用的水量，再把所需用的药量配制成喷洒药液。因为药量和水量均已确定，配成的药液浓度即可计算出来。

水是一种载体，是稀释剂，本身并无杀虫、杀菌作用。用水量大小取决于喷洒方法和喷洒用的机具。所以，农药的用量应该用每公顷农田中所需要的药剂有效成分量来表示，而不宜用加水稀释倍数来表示。喷雾量则应根据所用喷洒机具的种类和性能来决定，而不宜以是否"喷湿透"来决定。

国际上采用有效成分用量的用药量表示法，即每公顷农田使用多少克有效成分（$g \cdot ai/hm^2$，即有效成分克/公顷）来表示。例如，乐果 $300 \sim 700\ g \cdot ai/hm^2$，巴丹 $600\ g \cdot ai/hm^2$ 等。

二、农药和配料取用量的计算

农药的用量要根据其剂型的有效成分含量来计算。在商品农药的标签和说明书中，一般均标明该药剂的有效成分含量。我国的农药商品均直接用百分数（%）标明含量，国际上采用统一的代码和数字表示。

使用农药前应仔细看商品标签或说明书，一方面可避免误用，另一方面可看清有效成分含量，避免错配。有许多农药虽使用同一名称，但有多种规格，如不注意就容易用错。近年来进口农药很多，更应注意。在进口农药中有效成分的浓度、含量常采用另外一种表示方法。例如，溴氰菊酯（Dtcts，即敌杀死）的 3 种剂型，即

Decis EC：25 g/L（乳油：25 克/升）

ULV Concentrate：10 g/L（超低容量油剂：10 克/升）

GR：0.5 g/kg（粒剂：0.5 克/千克）

分别用每升（L）制剂或每千克（kg）制剂中所含的有效成分量来表示。这种表示方法一目了然，不易出错。我国习惯用的百分浓度表示法则比较容易出错，用户在购买农药时必须注意。

农药的取用量可根据标签上标明的含量来计算，其计算公式为：

农药制剂取用量（升）＝每公顷需用有效成分量（克）÷制剂中的有效成分含量（克/升）

配制农药所用的配料（稀释剂）最常用的是水。当农药用量确定后，水的取用量同喷雾量有关。这里最容易出的差错是预期喷雾量和实际喷雾量不一致，从而导致田间实际用药量

发生变化。例如，预期每公顷用药量为 750 克，喷雾量为 75 升水。配制成药液后，结果不够喷或者药液有多余而喷到别的地块上去了，就会导致用药量额外增加或一部分田块受药少而另一部分受药多。因此，水的用量要根据田间作物生长状况来认真确定。这种情况与使用人员的实践经验也有关。在没有经验的情况下，应先进行喷雾量试喷（用清水喷雾），根据确定的喷雾量调节喷雾时的行进速度，把行进速度控制在刚好能把所需药水量基本喷在农田中。

第三节　农药的使用浓度及稀释方法

一、使用浓度的表示方法

农药使用前需配制成具有一定浓度的药液，便于在田间喷洒。这种使用浓度通常包括有效浓度和稀释浓度两种，前者是指农药的有效成分稀释液，用百分浓度和百万分浓度来表示，后者指农药制剂的稀释液，一般用倍数法表示。

（一）百分浓度

百分浓度是指，一百份药液中含有效成分的份数。它又分为质量百分浓度和容量百分浓度。固体之间或固体与液体之间的配药常用质量百分浓度，液体之间的配药常用容量百分浓度。

（二）百万分浓度

百万分浓度，用毫克/千克或 10^{-3} 毫升/升表示，指百万份药液中所含的有效成分的份数。常用于浓度很低的农药。

（三）倍数法

药液（或药粉）中稀释剂（水或填充料等）的量与原药

量的比数（也称倍数）。倍数法如不注明按容量稀释，则均按质量稀释。这两种稀释之间的差异随着稀释倍数的增大而减小。在实际应用中，倍数法又分为内比法和外比法两种。

（1）内比法适用于稀释倍数在 100 以下的情况，计算时要扣除原药剂所占的一份。例如稀释 80 倍时，即用原药剂 1 份加稀释剂 79 份。

（2）外比法适用于稀释倍数在 100 倍以上的情况，计算时不必扣除原药剂所占的一份，例如稀释 500 倍即用原药剂一份加稀释剂 500 份。

二、农药的稀释方法

农药正确的稀释方法是保证药效的一个重要方面，许多农民在配制农药药液时忽视了这一环节，不仅降低了药效，还造成人力、农药的巨大浪费。不同剂型的农药，其稀释方法是不同的。

（一）液体农药的稀释方法

根据药液稀释量的多少及药剂活性的大小而定。防治用液量少的可直接进行稀释，即在准备好的配药容器内盛放好所需用的清水，然后将定量药剂慢慢倒入水中，用小木棍轻轻搅拌均匀，便可供喷雾使用。如在大面积防治中需配制较多的药液量，需采用两步配制法，其具体做法是先用少量的水将农药稀释成母液，再将配制好的母液按稀释比例倒入准备好的清水中，不断搅拌直至均匀。

（二）可湿性粉剂的稀释方法

通常也采取两步配制法，即先用少量水配成较浓稠的母液，进行充分搅拌，然后再倒入药水桶中进行最后稀释。这种方法可保证药剂在水中分散均匀。因为可湿性粉剂如果质量不好，粉粒往往团聚在一起成较大的团粒，如直接倒入药水桶中配制，则粗粒团尚未充分分散便立即沉入水底，这时再行搅拌就比较困难。两步配制法需要注意的问题是，所用的水量要等于所需用水的总水量，否则，将会影响预期配制的药液浓度。

（三）粉剂农药的稀释方法

一般粉剂农药在使用时不需稀释，但当作物植株高大、生长茂密时，为使有限的药粉均匀喷洒在作物表面，可加入一定量的填充剂进行稀释。

具体方法如下。

（1）取一部分填充料，将所需的粉剂混入搅拌均匀。

（2）再取一部分填充料加入搅拌，这样反复添加，不断搅匀，直至所需用的填充料全部加完。

粉剂在稀释时操作者必须做好安全防护措施，穿戴好长裤、口罩、橡胶手套等，同时，操作现场必须冲洗，以免污染环境。

（四）颗粒剂的稀释方法

颗粒剂其有效成分较低，大多在5%以下，因此，颗粒剂可借助于填充料稀释后再使用。可采用干燥均匀的小土粒或化学肥料作填充料，使用时只要将颗粒剂与填充料充分拌匀即可。但在选用化学肥料作为填充料时应注意农药和化肥的酸碱性，避免混后引起农药分解失效。

第四节　农药混合调制方法

一、液态制剂的混合调制方法

一般来说，只要掌握好药剂的性质，参照有关资料即可进行混合配制。但是，由于我国还有不少农药的剂型尚未标准化或产品质量不合格，在实际进行混配之前仍应仔细了解药剂的性质，甚至还须进行必要的试验。例如，我国生产的一种菊马合剂乳油不能与百菌清可湿性粉剂混配，否则就会出现絮结现象。这是两种剂型之间的变化，而两种有效成分并没有发生什么变化，但制剂絮结后会影响喷雾和防治效果。

另外，有一些比较特殊的情况，在混合调制时应注意操作程序。

（一）碱性药物与易在碱性条件下分解的药剂的混合

有一些是允许临时混合、随配随用的。例如，石硫合剂是最常用的一种碱性药剂，它与敌百虫可以随配随用。但在调制时要注意以下几点。

（1）两种农药必须分别先配制等量药液，这时应把浓度各提高1倍，这样当两液相混时，在混合液中的浓度刚好达到最初的要求。

（2）混合时应把碱性药液（石硫合剂）向敌百虫水溶液中倒，同时进行迅速搅拌。这样，混合液的氢离子浓度降低（即 pH 值增加）比较缓慢。

（3）敌百虫的结晶容易结块，比较难溶，往往需要用热水或加温来促使其溶解。这样得到的溶液是热溶液，必须使它充分冷却之后再与石硫合剂溶液混合，因为敌百虫的碱性分解在受热的情况下速度显著加快。碱性药剂较常用的还有波尔多液以及松脂合剂等。松脂合剂的碱性更强。

（二）浓悬浮剂的使用

几乎没有一种浓悬浮剂不存在沉淀现象，即在存放过程中上层逐渐变稀而下层变浓稠。国产的一些液悬浮剂有些还发生下层结块的现象，一般的振摇或用棍棒搅拌都很难使之散开。

因此，使用此种制剂配制药液时，必须采取两步配制法。

首先必须保证浓悬浮剂形成均匀扩散液。在搅散浓悬浮剂沉淀物时，如果整瓶药要一次用完，可以用水帮助冲洗。但如一次用不完整瓶药，则必须用棒或其他机械办法把沉淀物彻底搅开，并彻底搅匀后再取用。否则，先取出的药含量低而剩余的药含量增高，使用时就会发生差错。这一点在使用浓悬浮剂时必须十分注意。用水冲洗浓悬浮剂沉淀物时，必须把冲洗用水计算在总用水量中。

（三）可溶性粉剂的使用

可溶性粉剂都能溶于水，但是溶解的速度有快有慢。所以不能把可溶性粉剂一次投入大量水中，也不能直接投入已配制好的另一种农药的药液中，必须采取两步配制法。即先配制小水量的可溶性粉剂溶液，再稀释到所需浓度；或先配成可溶性粉剂的溶液，再与另一种农药的喷雾液相混合。在配制过程中也必须注意记录水的取用量。

前面已多次提到两步配制法。这种配制方法不仅对于一些特别的剂型比较有利，在田间喷药作业量大，需要反复多次配药时，此法还有利于准确取药和减少接触原药而发生中毒的危险。

二、粉剂的混合调制方法

粉剂的混合，如果没有专门的器具，比液态制剂更难于混合均匀。用户如需进行较大量的粉剂混合，最好利用专用的混合机械，这种器械必须能加以密闭，使粉尘不易飞扬，比较安全，混合的效果也好。在露地上用木锨或铁锨拌和，很难做到混合均匀，而且粉尘飞扬，危险性很大。

进行小量粉剂的混合时，可以采取下述方法。

（一）塑料袋内混合

先用密封性能良好的比较厚实的塑料袋，把所需混合的粉剂分别称量好以后放到塑料袋内，把袋口扎紧封死。注意一定要在袋内留出约 1/3 的空间。把塑料袋放在平整的地面或桌面上，从不同方向加以揉动，使袋内粉体反复流动，最后把塑料袋捧在手中上下、左右抖动，使粉尘在袋内翻腾起来。如此处理，可以使粉剂得到充分混合。

（二）分层交叉混合

对于体积较大、不便在塑料袋内一次混合的粉剂，可采取本法。选择平整的地面，铺上足够大的塑料布（须在避风处进行操作）。把准备混合的两种粉剂称量好。用木锨或边缘钝滑的金属锨或塑料把粉剂铺到塑料布上，按如下步骤操作：

（1）两种粉剂分层铺到塑料布上。一层甲种粉剂一层乙种粉剂，层次越薄越好。

（2）用锨把药粉翻拌均匀，然后把粉堆划分为 4 块。

（3）把对角交叉的两块粉堆分别互相混合，混成一体后，再分为交叉的 4 块，如上法重复处理一遍。如此处理，次数越多则混合越均匀。

（4）最后形成的混合粉体，可分成若干份用塑料袋混合法加以振动混合，则可使粉粒充分分散、混合均匀。

采用分层交叉混合方法时，因为粉体是暴露在空气中的，不可能没有粉尘飞扬，所以必须佩戴风镜、口罩等防护用品。

第五节 常用施药方法

一、喷雾法

用喷雾机具将液态农药呈雾状分散体系喷洒的施药方法称为喷雾法。喷雾法是防治农、林、牧有害生物的最重要的施药方法之一，也可用于卫生和消毒等。农药有效成分在加工中为了方便使用，绝大部分均加工为可供加水喷雾使用剂型，如乳油、水剂、可湿性粉剂、悬浮剂、微乳剂等。喷雾法符合操作者的习惯，适用范围宽，方便使用，在今后很长时间内，都将是农药使用技术中最重要的施药方法。

喷雾技术是在19世纪中用笤帚、刷子泼洒药液的基础上发展起来的，喷雾法需要专用的喷雾机具。人们在农药使用过程中，根据喷雾场所和防治的需要，研究发展出了多种多样的喷雾方法，每种喷雾方法都有其特点和使用范围。农药喷雾技术的分类方法很多，根据喷雾机具、作业方式、施药液量、雾化程度、雾滴运动特性等参数，可以分为各种各样的喷雾方法，常用的分类方法如下。

（一）根据施药液量分类

喷雾过程中施药液量的多少大体是与雾化程度相一致的。采用粗雾喷洒，就需要大的施药液量；而采用细雾喷洒方法，就需要采用低容量或超低容量喷雾方法。单位面积（每公顷）所需要的喷洒药液量称为施药液量或施液量，用"升/公顷"表示。施药液量是根据田间作物上的农药有效成分沉积量以及不可避免的药液流失量的总和来表示的，是喷雾法的一项重要技术指标，主要包括在田间作物上的药液沉积量以及不可避免的药液流失量。在农药喷雾中，并不是说施药液量越大，药剂有效成分沉积到靶标（作物）上就越多，而实际情况有时恰恰相反。当叶片上药液开始流淌时，作物上的农药沉积量会显著降低。我国各地几十年来，普遍习惯高容量喷雾方法，喷雾过程中以为喷出的药液越多越好，把本来设计进行中容量或低容量喷雾的小喷片，人为钻大喷片孔径，因粗雾滴极易滚落，而影响作业质量和作业效率。

1. 大容量喷雾法

每公顷施药液量在 600 升以上（大田作物）或 1 000 升以上（树木或灌木林）的喷雾方法称大容量喷雾法，也称常规喷雾法或传统喷雾法。大容量喷雾方法的雾滴粗大，所以也称粗喷雾法。大容量喷雾法是采取液力式雾化原理，使用液力式雾化部件（喷头）进行喷雾的，适应范围广，在喷洒杀虫剂、杀菌剂、除草剂等作业时均可采用，是我国应用最普遍的方法。但采用大容量喷雾法田间作业时，粗大的农药雾滴在作物靶标叶片上极易发生液滴聚并，引起药液流失，致使农药利用率水平较低。

2. 中容量喷雾法

每公顷施药液量在 200～600 升（大田作物）或 500～1 000 升（树木或灌木林）的喷雾方法。中容量喷雾法与大容量喷雾法之间的区分并不严格。中容量喷雾法是采取液力式雾化原理，使用液力式雾化部件（喷头）进行喷雾的，适应范围广，在喷洒杀虫剂、杀菌剂、除草剂等作业时均可采用。中容量喷雾法田间作业时，农药雾滴在作物靶标叶片上也会发生重复沉积，引起药液流失，但流失现象比大容量喷雾法轻。

3. 低容量喷雾法

每公顷施药液量在 50～200 升（大田作物）或 200～500 升（树木或灌木林）的喷雾方法。低容量喷雾法雾滴细、施药液量小、工效高、药液流失少、农药有效利用率高。

对于机械施药而言，可以通过控制药液流量调节阀、机械行走速度和喷头组合等实施低容量喷雾作业；对于手动喷雾器，可以通过更换小孔径喷片等措施来实施低容量喷雾；另外，采用双流体雾化技术，也可以实施低容量喷雾作业。

4. 很低容量喷雾法

每公顷施药液量在 5～50 升（大田作物）或 50～200 升（树木或灌木林）的喷雾方法。很低容量喷雾法和低容量喷雾法之间并不存在绝对的界线。很低容量喷雾法工效高、药液流失少、农药有效利用率高，但容易发生雾滴飘移。其雾化原理可以是液力式雾化，通过更换喷洒部件实施；也可以是低速离心雾化原理；采用双流体雾化技术，也可以实施很低容量喷雾作业。

5. 超低容量喷雾法

每公顷施药液量在 5 升以下（大田作物）或 50 升（树木或灌木林）以下的喷雾方法，雾滴直径小于 100 微米，属细雾喷洒法。其雾化原理是采取离心雾化法或称转碟雾化法，雾滴直径决定于圆盘（或圆杯等）的转速和药液流量，转速越快雾滴越细。超低容量喷雾法的施药液量极少，必须采取飘移喷雾法。由于超低容量喷雾法雾滴细小，容易受气流的影响，因此施药地块的布局以及喷雾作业的行走路线、喷头高度和喷幅的重叠都必须严格设计。同时，由于超低容量喷雾法雾滴细小，在达到作物靶标前易蒸发飘失，应选用油剂农药。

实际上喷雾过程中的施药液量很难绝对划分清楚。低容量喷雾法、很低容量喷雾法、超低容量喷雾法这 3 种喷雾方法，雾滴较细或很细，所以也统称为细喷雾法。不同喷雾方法的分类及应采用的喷雾机具和喷头简单列于表 4-1，供读者参考。

表 4-1　不同喷雾方法的分类及应采用的喷雾机具和喷头

喷雾方法	施药液量/（升/公顷）		选用机具	选用喷头
	大田作物	果园或林木		
大容量喷雾法（HV）	>600	>1 000	手动喷雾器，大田喷杆喷雾机	1.3 毫米以上空心圆锥雾喷片，大流量的扇形雾喷头
中容量喷雾法（MV）	200~600	500~1 000	手动喷雾器，大田喷杆喷雾机，果园风送喷雾机	0.7~1.0 毫米小喷片，中、小流量的扇形雾喷头
低容量喷雾法（LV）	50~200	200~500	手动喷雾器，背货式机动弥雾机	0.7 毫米小喷片，离心旋转喷头
很低容量喷雾法（VLV）	5~50	50~200	手动吹雾器，常温烟雾机，电动圆盘喷雾机	0.7 毫米小喷片，离心旋转喷头，双流体喷头
超低容量喷雾法（ULV）	<5	<50	电动圆盘喷雾机，背负式机动弥雾机	离心旋转喷头，超低容量喷头

（二）根据喷雾方式分类

在喷雾作业时，人们利用各种各样的技术手段，或者使雾滴直接沉积到靶标表面，或者利用雾滴的飘移作用增加喷幅，或者把流失的雾滴回收重新利用。

1. 飘移喷雾法

利用风力把雾滴分散、飘移、穿透、沉积在靶标上的喷雾方法称为飘移喷雾法。飘移喷雾法的雾滴按大小顺序沉降，距离喷头近处飘落的雾滴多而大，远处飘落的雾滴少而小。雾滴愈小，飘移愈远。据测定直径 10 微米的雾滴，飘移可达千米之远。而喷药时的工作幅宽不可能这么宽，每个工作幅宽内降落的雾滴是多个单程喷洒雾滴沉积累积的结果，所以飘移喷雾法又称飘移累积喷雾法。飘移喷雾法可以有比较宽的工作幅宽，比常规针对性喷雾法有较高的工作效率并减少能量消耗。

在防治突发性、暴发性害虫中能够起到重要作用。其缺点是喷施的小雾滴容易被自然风吹离目标区域以外而飘失。

超低量喷雾机在田间作业时须采用飘移性喷雾法。以泰山-18 型或东方红-18 型超低量喷雾机为例，作业时机手手持喷管手把，向下风口方向伸出，弯管向下，使喷头保持水平状态（风小及静风或喷头离作物顶端高度低于 0.5 米时可有 5°～15°仰角），并使喷头距作物顶端高出 0.5 米。在静风或风小时，为增加有效喷幅、加大流量，可适当提高喷头离作物顶端的高度。作业行走路线根据风向而定，行走方向应与风向垂直，喷向尽量与风向保持一致，夹角不得超过 45°。在地头每个喷幅处应设立喷幅标志，从下风口的第一个喷幅开始喷雾。如果喷雾的走向与作物行不一致，则每边需要一个标志。假如喷雾走向与作物行一致，只要一个标志就可以了。当一个喷幅喷完后，立即关闭截止阀，并向上风口方向行走，到达第二个喷幅标志处或顺作物行对准对面标志处。喷头调转 180°仍指向顺风方向，在打开截止阀的同时向前顺作物行或对准标志行走喷雾，按顺序把整块农田喷完，这样的喷雾方法就叫飘移累积性喷雾方法。

2. 定向喷雾法

同飘移喷雾法相对的喷雾方法，指喷出的雾流具有明确的方向性。取得定向喷雾可以采取如下措施。

（1）调整喷头的角度，使喷出的雾流针对农作物（靶标）而运动，手动或机动喷雾机利用这一方法进行定向喷雾。

（2）强制性的定向沉积，利用适当的遮挡材料把作物或杂草覆盖起来而在覆盖物下面喷雾，使雾滴直接沉积到下面的杂草或作物上。

3. 针对性喷雾法

针对性喷雾是定向喷雾的一种，即通过配置喷头和调整喷雾角度，使雾滴沉积分布到作物的特定部位。

4. 置换喷雾法

对株冠层大而浓密的果园喷雾，雾滴很难直接沉积到冠层内部的叶片上，利用风机产生的强大气流裹挟雾滴进入冠层内，置换株冠层内原有空气而沉积在株冠层内的喷雾方法。农药沉积分布均匀，农药有效利用率高，可以实现低容量喷雾，省工省时，但必须通过风送式果园喷雾机实现。

5. 静电喷雾法

通过高压静电发生装置使雾滴带电喷施的喷雾方法。静电喷雾法的工作原理可分为药液液丝充电、带电后雾滴碎裂和带电雾滴在靶标表面沉积 3 部分。带电雾滴与不带电雾滴在作物表面上的沉积有显著差异。由于静电作用，带电雾滴在一定距离内对生物靶标产生撞击沉积效应，并可在静电引力的作用下沉积到叶片背面，将农药有效利用率提高到 90% 以上，节省农药，并消除了雾滴飘移，减少对环境的污染。静电喷雾需要静电喷雾机和专用的油剂，其缺点是带电雾滴对高郁闭度作物株冠层的穿透力较差。

静电喷雾作业受天气的影响相对较小，早晚和白天均可进行喷雾，适用于有导电性的各种农药制剂。但是静电喷雾器需要有产生直流高压电的发生装置，因而机器的结构比较复杂，成本也就比较高。

6. 循环喷雾法

利用药液回收装置，将喷雾时没有沉积在靶标上的药液进行回收并循环利用的喷雾技术。可以提高农药利用率，减轻环境污染。其工作原理是在喷洒部件的对面加装单个或多个雾滴回收（或回吸）装置，回收的药液聚集在单个或多个集液槽内，经过滤后再输送返回药液箱。

循环喷雾在果园风送液力喷雾上发展比较成熟，已经有多种样机在生产上使用。循环喷雾方法需要的喷雾机具复杂，防治成本高。

7. 精准喷雾

利用现代信息识别技术确定有害生物靶标的位置，通过控制技术把农药准确地喷撒到有害生物靶标上的喷雾技术。精准喷雾技术可通过以下 2 种方法实现：一是全球定位系统（GPS）和地理信息系统（GIS）的应用，施药者能准确确定喷杆喷雾机在田间的位置，保证喷幅间衔接，避免重喷、漏喷；二是基于计算机图像识别系统采集和分析计算杂草特征，根据有害生物靶标的有无控制喷头的开关，做到定点喷雾。

（三）根据喷雾机具及所用动力分类

对于大多数农药使用者来讲，更习惯根据喷雾机具及所用的动力来把农药喷雾技术进行分类。根据喷雾机及所用的动力可以把喷雾技术分为手动喷雾法、背负机动风送喷雾法、大田喷杆喷雾法、手持电动圆盘喷雾法、飞机喷雾法和果园喷雾法等。

二、喷粉法

喷粉法就是利用机械所产生的风力把低浓度的农药粉剂吹散，使粉粒飘扬在空中，并沉积到作物和防治对象上的施药方法。喷粉方法是比较简单的一种农药使用技术，其主要特点是使用方便、工效高、粉粒在作物上沉积分布比较均匀、不需用水，在干旱、缺水地区更具有应用价值。喷粉法分为以下几类。

1. 根据施药手段分类

（1）手动喷粉法。是指用人力操作的简单器械进行喷粉的方法，如利用手摇喷粉器，以手柄摇转一组齿轮使最后输出的转速达到 1 600 转/分钟以上，并以此转速驱动一风扇叶轮，即可产生很高风速的气流，足以把粉剂吹散。由于手摇喷粉器 1 次装载药粉不多，因此只适宜于小块农田、果园以及温室大棚。手摇喷粉法的喷粉质量往往受手柄摇转速度的影响，达不到规定的转速时，风速不足，就会影响粉剂的分散和分布。

（2）机动喷粉法。用发动机驱动的风机产生强大的气流进行喷粉的方法。这种风机能产生所需的稳定风速和风量，喷粉的质量能得到保证；机引或车载时的机动喷粉设备，一次能够装载大量粉剂，适用于大面积农田中采用，特别适合于大型果园和森林。

（3）飞机喷粉法。利用飞机螺旋桨产生的强大气流把粉剂吹散，进行空中喷粉的方法。使用直升机时，主螺旋桨所产生的下行气流特别有助于把药粉吹入农田作物或森林、果园的株丛或树冠中，是一种高效的喷粉方法。对于大面积的水生植物如芦苇等，利用直升机喷粉也是一种有效的方法。

2. 根据使用特点和范围分类

（1）温室大棚粉尘施药法。粉尘法是喷粉法的一种特殊形式，就是在温室、大棚等封闭空间里喷撒具有一定细度和分散度的粉尘剂，使粉粒在空间扩散、飞翔、飘浮形成飘尘，并能在空间飘浮相当长的时间，因而能在作物株冠层很好地扩散、穿透，产生比较均匀的沉积分布。粉尘法施药喷撒的粉尘剂粉粒细度要求在 10 微米以下。粉尘法的优点是工效高、不用水、省工省时、农药有效利用率高、不增加棚室湿度、防治效果好。但不可在露地使用，也不宜在作物苗期使用。

①粉尘法的时间选择。在晴天，植株叶片温度在一天之中会随着日照的增加而增加，中午日照强烈时叶片的温度高于周围空气的温度，因而，植株叶片此时便成为"热体"（即环境

温度低于靶标温度），这种热体不利于细小粉粒在植株叶片上的沉积。试验表明，晴天中午采用粉尘法施药技术对黄瓜霜霉病的防治效果不理想；在阴天和雨天，由于叶片温度与周围空气温度一致，不同喷粉时间对防治效果影响不大。

粉尘法施药最好在傍晚进行，这样，既可取得比较好的防治效果，又不影响清晨人员在棚室内的农事劳动。如果在阴雨天则可全天采用粉尘法施药。

②喷粉方法的选择。粉尘法施药主要是利用细小粉粒的飘翔扩散能力使药剂在保护地内的植株上产生多向均匀沉积，因而，粉尘法施药技术要求采取对空均匀喷撒方法，以使药粉有充分的空间和时间进行"飘翔"，避免直接对准作物进行喷粉。不同类型的温室大棚，根据其结构特点，应选择不同的喷粉操作方法，可参考下面介绍的方法。

日光温室、加温温室：宽度一般在6~7米，中间有一过道，操作者应背向北墙，从里端开始向南对空喷撒，一边喷一边向门口移动，一直退到门口，把门关上。

塑料大棚宽度一般为10~15米，中间有一过道，操作时操作者从棚室里端开始喷粉，喷粉管左右匀速摆动对空喷粉，同时沿过道以10~12米/分钟的速度向后退行，一直退至出口处，把门关上即可。此时，如预定的粉剂尚未喷完，可将大棚一侧的棚布揭开一条缝，从开口处将余粉喷入。如余粉过多，可分别从不同部位喷入。

对小型拱棚可采用棚外喷粉法，此类棚宽2~5米，棚高只有1米左右，棚内喷粉比较困难。操作者可在棚外每隔一定距离揭开一个小口向棚内喷粉，喷后将棚布拉上。

喷粉以后需经2小时以上才能揭棚，以免细小粉粒飘逸出来。如果傍晚喷粉可以等到第2天早晨再揭开棚膜。

（2）大田喷粉法。又分为大田薄膜喷粉管喷粉法和郁闭农田的下层喷粉法。

①大田薄膜喷粉管喷粉法是在背负机动喷雾喷粉机上安装长塑料薄膜喷管用来喷撒农药粉剂。这种喷粉方法效率高且撒布均匀，适合于作物生长后期封行后不便操作人员施药作业的作物，如棉花、油菜田的病虫害防治。长塑料薄膜喷管由长塑料薄膜管及绞车组成。喷管长 20~25 米，直径为 10 厘米，沿管长度方向每隔 20 厘米有一个直径 9.0 毫米的小孔，安装时将小孔朝向地面或稍向后倾斜，使药粉既能均匀地向下喷出，又能使药粉在离地面 1 米左右的空间飘悬一段时间，较好地穿透作物株冠层均匀沉积分布。长塑料薄膜喷管喷粉法作业时需两人操作，等速前进。

②郁闭农田的下层喷粉法是在某些作物的生长后期，如棉花、油菜、大豆、甘蔗等，植株冠层茂密，此时株冠下层是一个特殊的小环境，在株冠层叶片的屏护下，株冠下的气流相当平稳，而且叶片对于粉粒的运动有很大的制约作用。粉粒的飘翔行为遇到叶片的阻挡，很容易反弹折回。因此，在株冠下层的粉粒运动不容易向株冠层外飘逸，而粉粒的水平运动不容易受阻。

棉田封垄后的田间气温逆增现象也是进行株冠下层喷粉法的重要条件。气温逆增现象一般在晴天的清晨和傍晚两个时段出现。清晨当阳光初照到株冠冠面上，在棉株丛内，地面的温度较低而株冠冠面温度因受阳光照射比较高，此时在株冠内便出现冠内气温逆增。此时进行下层喷粉所形成的粉浪会在株冠内保持相当稳定不会逸出株冠，并能维持较长的时间。傍晚则需在夕阳西斜前后约 1 小时内进行，此时株冠内地温已开始降低，土壤释放出的热量使株冠上部的温度有所升高，从而也会出现气温逆增。采用大田下层喷粉法时一定要掌握利用这种气温逆增现象。

采用下层喷粉，宜采用"Y"形双向喷头，使喷出的粉粒向左右两个方向水平运动扩散。例如在棉花生长中后期，下层喷粉粉粒的水平扩散距离可达 10 米左右，因此，田间喷撒作业工效很高。但是，下层喷粉法不可在低矮作物上实施，否则，极易导致粉尘飘扬分布扩散到环境中。

这种株冠下层喷粉法最好选用立摇式胸挂喷粉器，这种立摇式胸挂喷粉器的设计就是为了避免田间喷粉作业时碰伤枝条，并且避免枝条缠绕操作者手臂。而采用侧摇式喷粉器，操作者手臂上下前后摇转，容易损伤作物叶片和枝条，并且难以操作。

（3）静电喷粉法。静电喷粉法是通过喷头的高压静电给农药粉粒带上与其极性相同的电荷，又通过地面给作物的叶片及叶片上的害虫带上相反的电荷，靠这两种异性电荷的吸引力，把农药粉粒紧紧地吸附在叶片及害虫上，其附着的药量比常规无静电的喷粉要多 5~8 倍。粉粒越细小，越容易附着在叶片和害虫上。由于粉粒都带有极性相同的电荷，就有了同性相斥的力量，使粉粒之间分布十分均匀，再细小的粉粒之间也不会发生絮结。

农药静电喷粉中的粉粒虽然带电，但带电量甚微，不会对人员造成伤害。但静电喷粉机具由于配有静电高压发生装置，在使用中必须注意以下安全问题。

①直接电击人身。静电喷粉机具的静电高压在 1 万伏以上，甚至超过 10 万伏，如果操作不当，则会危及人员生命安全。静电机械发生电击人身的事故，往往是操作人员违反操作规定，先接通电源开关后，误接触高压端，从而出现被电击现象。这种电击对有严重心脏病患者及孕妇是很危险的。因此，心脏病患者或孕妇应避免进行田间静电喷粉操作。

②静电喷撒器械间接引起的危险。静电喷粉机，本身的静

电源能量较小，直接电击的危险性很小，但如果引起易燃易爆物品发生爆炸燃烧和有毒农药起火，则危险性极大。目前尚未见由静电喷粉引起这样事故的报道，但要特别注意防止这类事故的发生。静电喷粉机具的高压电极端在电源开通的情况下会发生电晕，在白天光照下难以观察到，如果两极相碰或靠很近，在开通电源时会发生火花而引燃、引爆。所以应该严格禁止静电喷粉机具和易燃易爆物品一起存放；也禁止腐蚀性的物品和静电喷粉机具一起存放，避免腐蚀损害电源。

值得注意的是便携式农药静电喷粉机具机型小巧，在田间工作后容易和危险品一起堆放，在取机使用时，在易燃、易爆的条件下打开电源检查喷粉机的使用性能时极易引起爆炸，造成严重的生命财产损失，一定要采取措施防止此类事故的发生。

三、颗粒撒施法

在农药科学使用中，对于那些毒性高的农药品种，或者那些容易挥发的农药品种，不适宜采用喷雾方法，此时，采用颗粒撒施方法是最好的选择。另外，从农药的使用手段来说，撒施法是最简单、最方便、最省力的方法，无须药液配制，可以直接使用，并且可以徒手使用。

撒施法使用的农药是颗粒状农药制剂，由于颗粒状农药制剂粒度大，下落速度快，受风的影响很小，特别适合于在以下情况使用：一是土壤处理；二是水田施用多种除草剂，颗粒剂可以快速沉入水底以便迅速被田泥吸附或被杂草根系吸收；三是多种作物的心叶期施药，例如玉米、甘蔗、凤梨等。有些钻心虫如玉米螟等藏匿在喇叭状的心叶中危害，往心叶中施入适用的颗粒剂可以取得很好的效果，而且施药方法非常简便。其常规操作方法如下。

（一）徒手撒施

目前，国内还没有专用的商品化颗粒撒施机械可供选用，在颗粒剂的使用中多采用徒手撒施的方法，如同撒施尿素颗粒一样。对于接触毒性很小的药剂来说，徒手撒施还是很安全的，但仍须注意安全防护，最好戴薄的塑料或橡胶手套以防万一。而毒性较大的颗粒剂则不能采用手撒法，例如克·甲颗粒剂、涕灭威颗粒剂等，均含有剧毒。

（二）自行设计撒布设备

在地面撒施颗粒剂时，可以就地取材，自行设计简单的撒布设备，进行颗粒撒施。

（1）塑料袋撒粒法。选取1只牢固的厚塑料袋，可根据撒施量决定塑料袋的大小，袋内外需保持干燥。把塑料袋的一个底角剪出1个缺口作为撒粒孔，孔径约1厘米。把所用的颗粒剂装入袋中（此时让撒粒孔朝上，或用一片胶膜临时封住撒粒孔）。每袋所装的颗粒剂量为处理农田所需之量，便于撒粒时掌握撒粒量。如果农田面积较大，最好把颗粒剂分为几份，每一份用于处理相应的一部分农田。

（2）塑料瓶撒粒法。选取适当大小的透明塑料瓶，保持内部干燥。在瓶盖上打出一孔，孔径根据所用的颗粒剂种类决定，微粒剂须用较小的孔径，以免颗粒流出太快，不便于控制颗粒排出速度。可预先试做，观察颗粒流速后决定孔径大小。使用时也按照处理面积所需的颗粒剂量，往瓶中装入定量的颗粒剂，加盖后即可撒施。

以上两种安全撒粒法，撒粒的速度和均匀性需要操作人员掌握。把处理地块划分为若干个小区，根据小区面积预先计算好每区的撒粒量；把颗粒剂分成相应的若干份，再分别进行撒施，即可保证撒粒的相对均匀性。

（三）手动颗粒撒布器

手动颗粒撒布器有手持式和胸挂式两种。使用手持式颗粒撒布器，施药人员边行走边用手指按压开关，打开颗粒剂排出口，颗粒靠自身重力自由落到地面。使用胸挂式颗粒撒布器，将撒布器挂在胸前，施药人员边行走边用手摇动转柄驱动药箱下部的转盘旋转，把颗粒向前方呈扇形抛撒出去，均匀散落地面。

（四）机动撒粒机

机动撒粒机有背负式和拖拉机牵引或悬挂式两种。有专用撒粒机，也有喷雾、喷粉、撒粒兼用型。撒粒机多采用离心式风扇把颗粒吹送出去。有一种背负式机动喷雾、喷粉、撒粒兼用机，单人背负进行作业，只要更换撒粒用零部件即可，作业效率高。

（五）水田大粒剂撒施

大型颗粒剂（即大粒剂）较重，与绿豆的大小近似，可以抛掷到很远的农田中。这是大粒剂的主要特点，也是它的特殊用途。我国农药科技人员根据杀虫双和杀虫单的水溶性以及稻田土壤对杀虫双和杀虫单的不吸附性这两个特征，把这两种杀虫剂制成了3%和5%两种大粒剂，在防治水稻螟虫上取得了良好的效果。大粒剂撒施法消除了喷雾法的雾滴飘移对蚕桑的危害，使杀虫双得以在稻区推广应用。大粒剂的使用主要是采取抛施的方法，这样可以减少操作人员在稻田中的作业时间，减轻劳动强度，对稻田的破坏性也比较小。大粒剂属于崩解剂型粒剂，在田水中很快崩解而溶入田水中，很快被水稻根系所吸收。

5%杀虫双大粒剂每千克约有2 000粒，每亩稻田的撒粒量为1千克左右，平均每平方米水田着粒量为2~4粒。在8小时内有效成分便可扩展到全田，24 小时内可以达到全田均匀分布。抛掷距离最远可达 20 米左右，不过一般应控制在 5 米左右的撒幅中，比较便于掌握撒施均匀性。在各种规模的稻田中均可使用。在面积较小的稻田中操作人员无须下田，在田埂上抛施即可。在面积较大的稻田中，可以分为若干个作业行，行间距离可保持 10 米左右，所以工效很高。在漏水田不能使用，因为杀虫双或杀虫单在土壤颗粒上不能吸附，容易发生药剂渗漏。另外，撒粒时稻田必须保水 5 厘米左右，以利于药剂被水稻充分吸收。

四、泼浇法

泼浇法是以大量的水稀释农药，用洒水壶或瓢将药液泼浇到农作物上或果树植株两侧、树冠下面，利用药剂的触杀或内吸作用防治病虫草的施药方法。泼浇法的特点是操作简便，不需特殊的施药机具，液滴大、飘移少。

泼浇法是一种比较落后的施药方法，一是用药量较大，二是用水量比常规喷雾法大 10 倍，一般亩用水 400～500 千克，因此，泼浇法在水资源缺乏地区难以采用。

泼浇法在稻田使用最多，如内吸性强的杀螟硫磷、毒死蜱等有机磷杀虫剂和杀虫双、杀虫单等采用泼浇法施药防治水稻二化螟和三化螟。在防治地下害虫和蚂蚁（如红火蚁）时，也常用泼浇法施药。北方防治花生根结线虫病时，常在旱地开沟，采用泼浇法把药液泼洒到沟内。

五、灌根法

灌根法是将药液浇灌到作物根区的施药方法，主要用来防治地下害虫和土传病害。例如用多菌灵防治棉花枯萎病，可以采用病株灌根法进行挑治，即先把多菌灵配成 250 倍药液，每株灌 100 毫升配好的药液。灌根法采用的药剂一是要对作物安全，防止产生药害；二是灌根防治土传病害的药剂必须具有较好的内吸性。

六、拌种法

拌种法就是将选定数量和规格的拌种药剂与种子按照一定比例进行混合，使被处理种子外面均匀覆盖一层药剂，形成药剂保护层的种子处理方法。通过药剂拌种可以达到以下目的：一是杀死种子携带的病原菌或控制病原菌等有害生物对种子贮存及运输的危害；二是杀死或控制播种后种子周围土壤环境中病原菌和地下害虫，防止其对种子萌发和幼苗生长的侵害；三是利用药剂的渗透性或内吸作用，进入幼苗各部分而防止苗期病害发生和地上害虫为害。

药剂拌种既可湿拌，也可干拌，但以干拌为主。药剂拌种一般需要特定的拌种设备。具体做法是将药剂和种子按比例加入滚筒拌种箱内，滚动拌种，待药剂在种子表面散布均匀即可。一般要求拌种箱的种子装入量为拌种箱最大容量的 2/3 ~ 3/4，以保证种子与药剂在拌种箱内具有足够的空间翻动和充分接触，达到较好的拌种效果。拌种箱的旋转速度一般以每分钟 30~40 转为宜，拌种时间 3~4 分钟，可正反方向各旋转 2 分钟。拌种完毕后一般要求停顿一定时间，待药粉在拌种箱沉降后再取出种子。

七、毒饵法

利用能引诱取食的有毒饵料（毒饵）诱杀有害生物的施药方法称为毒饵法。毒饵是在对有害动物具有诱食作用的物料中添加某种有毒药物，再加工成一定的形态。诱食性的物料包括有害物所喜食的食料，具有增强诱食作用的挥发性辅料，如植物的香精油、植物油、糖、酒或其他物质。使用较普遍的是有害动物最喜爱的天然食料，如谷物或植物的种子、叶片、茎秆以及块茎等。根据有害动物的习性，有时须对食料进行加工处理，如粉碎、蒸煮、焦炒，或把几种食料配合使用，以增强其诱食性能。有些动物对毒饵的形状和色彩也有选择性，特别是鼠类和鸟类。毒饵的作用方式是被害物取食后引起胃毒作用，因此毒饵的粒度以及硬度对于毒饵的毒杀效果有影响，这种影响决定于防治对象。毒饵法具有使用方便、效率高、用量少、施药集中、不扩散污染环境等优点，适用于诱杀具有迁移活动能力的、咀嚼取食的有害动物，包括脊椎动物如害鼠、害鸟和无脊椎动物如有害昆虫、蜗牛、蛞蝓、红火蚁等。毒饵法在卫生防疫上（尤其是在防治蟑螂、蚂蚁等害虫上）有广泛的使用。

根据毒饵的加工形状和使用方法可以把毒饵法分为固体毒饵法和液体毒饵法。

（一）固体毒饵法

加工成固态的毒饵法为固体毒饵法，固体毒饵可加工成粒状、片状、碎屑状、块状等形态，近年来在卫生害虫防治中新开发了凝胶状的胶饵形式，也归入固体毒饵，固体毒饵有堆施、条施和撒施 3 种施用方法。

（1）堆施法是把毒饵堆放在田间或有害动物出没的其他场所来诱杀的方法。对于有群集性以及喜欢隐蔽的害虫如蟋蟀等，堆施法的效果很好。可根据有害动物的习性和分散密度来决定毒饵的堆放点和数量。对于很分散或密度较大的害虫，可采取棋盘式的毒饵堆放法。

（2）条施法是顺着作物行间在植株基部地面上施用毒饵的方法。条施法比较适合于防治危害作物幼苗的地下害虫，如地老虎、蝼蛄等。

（3）撒施法是将粒状毒饵撒施在一定的农田或草地范围内进行全面诱杀的方法，撒施法比较适合于防治害鼠和害鸟。

（二）液体毒饵法

加工为液态的毒饵可以采用盆施法、舔食法和喷雾法来施用。

（1）盆施法是将液态毒饵分装在敞口盆中，引诱飞翔性害虫飞来取食而中毒的方法，此种方法有时甚至可以不用毒剂，只要能诱使害虫坠入液体饵料中淹没致死即可。我国多年来所采用的糖醋诱杀法，即属于此类方法。

（2）舔食法是把液体毒饵涂布在纸条或其他材料上引诱害虫来舔食而中毒的方法，如灭蝇纸等。

（3）喷雾法是把饵料（如蛋白质的酸性水解产物）和杀虫剂混在一起喷洒，利用害虫对饵料的取食习性，诱集杀死害虫。这种诱集喷雾技术必须在大面积果园使用，或相邻果园同时使用。喷雾过程不必对整株果树全面喷雾，只需对果树局部叶片喷雾，即可取得很好的防治效果。

八、熏蒸法

用气态农药或在常温下容易汽化的农药处理农产品、密闭空间或者土壤等，杀灭病原菌、害虫或者萌动的杂草种子以及鼠害，这种农药使用方法统称为熏蒸法。熏蒸法只有采用熏蒸药剂才能实施。熏蒸药剂是指在所要求的温度和压力下能产生对有害生物致死的气体浓度的一种化学药剂。这种分子状态的气体，能穿透到被熏蒸的物质中去，熏蒸后通风散气，能扩散出去。总之，熏蒸剂是以其分子起作用的，不包含液态或固态的颗粒悬浮在空气中的烟、雾等气溶胶分散系。

熏蒸法要求有一个密闭的空间以把熏蒸药剂与外界隔开，防止药剂蒸气逸散。因此熏蒸法一般的使用场所是粮仓、货仓、暖房、农产品加工车间，以及运输粮食、货物、果蔬的车厢、货车等具备密闭条件的场所，集装箱的消毒处理也可采用熏蒸方法。对于土传病虫草害的防治，同样可以采用熏蒸法。

（一）土壤熏蒸

利用气态药剂在土壤团粒间隙穿透、扩散的能力来处理土壤的方法。熏蒸剂气体能充分扩散到土壤的各个部分，因此土壤熏蒸是杀灭土传病原菌、病原线虫和地下害虫及杂草的有效措施。但由于土壤耕作层的体积很大，而且土壤团粒对某些熏蒸剂有吸附作用，所以土壤熏蒸用药量很大、耗资较多。土壤熏蒸有三种施药方法：一是用土壤注射器，把熏蒸剂定量地注入一定深度的土中，须在土面上打出足够的注射孔以保证注入足够的剂量和分布的均匀性，也可在打孔后由玻璃漏斗灌药，再用泥土封口；二是开沟施药后覆土；三是覆膜施药法，有专用的拖拉机牵引覆膜熏蒸机，药液从机后排液管流入土层下面，随即由拖拉机自动覆土，并同时自动覆膜。此法高速高效，主要在大面积农田上采用此法。在较小面积的经济作物田和温室大棚中则多采取罐装熏蒸剂的人工覆膜熏蒸法。土壤熏蒸后经过一定时日必须揭膜彻底散气，再进行农事作业。

土壤熏蒸处理过程中，药剂需要克服土壤中固态团粒的阻碍作用才能与有害生物接触，因此，为保证药剂在耕层土壤内有比较均匀的分布，需要使用较大的药量，处理前需要翻整土壤，处理比较烦琐。为了保证熏蒸药剂在土壤中的渗透深度和扩散效果，在土壤覆膜熏蒸前，对于土壤的前处理要求比较严格，必须进行整地松土，深耕 40 厘米左右并清除土壤中的植物残体，在熏蒸前至少 2 周进行土壤灌溉，在熏蒸前 1~2 天检查土壤，土壤应呈潮湿但不黏结的状态。可以采用下列简便方法检测：抓一把土，用手攥能成块状，松手使土块自由落在地面能破碎，即为合适。土壤保墒的目的是让病原菌和杂草种子处于萌动状态，以便熏蒸药剂更好地发挥效果。

土壤熏蒸常用的熏蒸药剂有溴甲烷、氯化苦、棉隆、威百亩等，下面以溴甲烷土壤熏蒸为例介绍土壤熏蒸的操作方法。

溴甲烷对土壤中的病原真菌、线虫、害虫、杂草等均能有效地杀死，并且能够加快土壤颗粒结合的氮素迅速分解为速效氮，促进植物生长，因而溴甲烷土壤覆膜熏蒸法成为世界上应用最广、效果最好的一种土壤熏蒸技术，在我国烟草、草莓、黄瓜、番茄、花卉、草坪以及人参、丹皮等中草药上也已广泛应用。

（二）仓库熏蒸

在各种类型的仓库、集装箱、船舱、车厢等可密闭空间中进行的熏蒸作业方式称为仓库熏蒸。在这些场所存放的粮食等物品比较密集，病虫比较隐蔽，采用熏蒸法可杀死深藏于粮食、干果和其他货物中及缝隙等隐蔽处的病虫，熏蒸后散气即可除去残余有毒气体。仓库熏蒸要求被处理空间密封，不许有裂缝和漏洞，以免熏蒸处理过程中气态药剂分子逸散出去。在熏蒸之前，应有专人仔细检查，保证没有气体漏往邻近的办公室、厂房或生活区；或者在熏蒸期间让人员撤离熏蒸地区。根据仓内粮食和物品的堆放方式一般有 3 种作业方法：一是堆垛仓熏蒸，这种仓是以包装袋（箱）堆垛方式存放，空间和间隙大，熏蒸效果好；二是散装仓熏蒸，粮食散装仓粮食堆的密度很大，农药气体穿透能力受到很大影响，因此散装仓常采取插管熏蒸法，在粮堆中插入许多管子，熏蒸剂通过插管可以直接深入粮堆下层，并通过管壁上的小孔向四周扩散，机械化的插管熏蒸则在仓外预先把熏蒸剂汽化后通过管道压入粮食堆深处；三是空仓熏蒸，在堆装货物之前进行，以杀灭潜藏于仓库建筑物内的害虫或病原菌。

熏蒸结束后，现场必须保持通风状态，使有害气体逸散出去，需要专业人员检查后，确认安全的条件下，其他人员才能进入仓库。

（三）帐幕熏蒸

用气密性的材料如帆布、塑胶布或塑料布等把堆放的粮食等货物加以覆罩（气密性膜或帆布）并密封，形成不透气的帐幕，在帐幕内进行熏蒸作业，称为帐幕熏蒸。帐幕熏蒸技术扩大了熏蒸法的用途，在户外大批堆放的食品及货物，无须搬离存放地就可采用熏蒸法处理，消灭害虫和病原菌，非常方便；并且在熏蒸和通风之后仍然盖着货物，从而可以防止再生害虫，防止鸟粪、渗水、尘土和污物的污染。

帐幕熏蒸前，首先要检查帐幕密封，大批帐幕周围下垂部分的外边缘用粮袋或砂、土等压实紧贴在地面上；在土地上熏蒸时则可开浅沟，将下垂的帐幕埋于沟内覆土踩实；帐幕拼接时用专用的夹具夹住拼缝。在确保帐幕不漏气的条件下，把熏蒸药剂施于帐幕之中。气态熏蒸剂（如溴甲烷）可通过一预埋好的管子从帐幕底部进入帐内，从帐幕外向帐幕内定量施放气态熏蒸剂。液态熏蒸剂（如氯化苦）则需要预先在帐幕内布置好液态熏蒸剂的蒸发皿，在戴好防毒面具的情况下进入帐内，把液态熏蒸剂定量投入蒸发皿内后立即退出并封闭出入口。固态熏蒸剂（如磷化铝）须进入帐内放置药片，帐幕需预留出入口，在投药后封闭。

若用磷化铝进行帐幕熏蒸，每吨粮食投药 5~10 片，大粒粮用药量可以低些。根据帐幕内粮食包的堆放情况，事先把磷化铝用量计算好，并布置好投药路线。投药点应在粮食包的上部，因为磷化氢气体的密度较大，放在高位有利于磷化氢气体在帐幕内扩散均匀。作业时，从帐幕的最里边开始，须戴塑胶手套投药。投放完最后一个投放点的药片后，立即从出口处退出帐幕并立即严密封闭帐幕出入口。需要注意的是，磷化铝片不可堆放于一点，否则，在堆放点的磷化氢气体过于密集的情况下，有发生磷化氢气体自燃的危险。熏蒸处理的时间是，当气温为 12～15℃时，需要密闭处理 5 天左右；若气温达 20℃以上，只需 3 天。熏蒸结束后，在夜间无人活动时进行散气，从下风处开始揭幕布。帐幕全部拆除后，散气时间需要 5～6 天。

帐幕熏蒸不受地点的限制，可以在车站、码头、仓库的库房内及其他场所进行。仓库中贮存物品不多时，采用帐幕熏蒸可节省用药量。此法也可用于检疫熏蒸、露天堆放的原木熏蒸及其他各种因地制宜的熏蒸作业。

九、涂抹法

用涂抹器将药液涂抹在植株某一部位局部的施药方法称为涂抹法。涂抹用的药剂为内吸剂或触杀剂，按涂抹部位划分为涂茎法、涂干法和涂花器法 3 种。为使药剂牢固地黏附在植株表面，通常需要加入黏着剂。涂抹法施药，农药有效利用率高，没有雾滴飘移，费用低，适用于果树和树木以及大田除草剂的使用。

（一）杂草防除中的涂抹技术

防治敏感作物的行间杂草，可以利用内吸传导强的除草剂和除草剂的位差选择原理，以高浓度的药液通过一种特制的涂抹装置，将除草剂药液涂抹在杂草植株上，通过杂草茎叶吸收和传导，使药剂进入杂草体内，甚至达到根部，达到除草的目的。因此，只要杂草的局部器官接触药剂，就能起到杀草作用。这种技术用水少、节省人工、对作物安全、应用范围广，农田、果园、橡胶园、苗圃等均可使用，开发了一些老除草剂的新用途。

涂抹法的施药器械简单，不需液泵和喷头等设备，只利用特制的绳索和海绵塑料携带药液即可。操作时不会飘移，且对施药人员十分安全。当前除草剂的涂抹器械已有多种，包括供小面积草坪、果园、橡胶园使用的手持式涂抹器，供池塘、湖泊、河渠、沟旁使用的机械吊挂式涂抹器，供牧场或大面积农田使用的拖拉机带动的悬挂式涂抹器。

应用涂抹法必须具备以下3个条件。

（1）所用的除草剂必须具有高效、内吸传导性，杂草局部着药即起作用。

（2）杂草与作物在空间上有一定的位置差，或杂草高出作物，或杂草低于作物。

（3）除草剂的浓度要大，使杂草能接触足够的药量。涂抹法施药的除草剂浓度因除草剂与涂抹工具不同而异，例如在棉花、大豆和果园施用草甘膦防除白茅等杂草，用绳索涂抹，药与水的比例是1∶2，用滚动器涂抹则为1∶（10~20）。

涂抹法使用的器具结构简单，不需要液泵和喷头等设备，只需利用吸水性强的材料如海绵泡沫等携带药液即可，使用者可以根据情况自己制作涂抹器。

涂抹法施药液量较低，每公顷低于110升（每亩7.5升），因此，操作要求快，否则涂抹不均匀。涂抹施药前，要经过简短培训，做到均匀涂抹。当气温高、湿度大的晴天涂抹施药时，有利于杂草对除草剂的吸收传导。

（二）棉花害虫防治中的涂茎技术

利用杀虫剂（如氧乐果）的内吸作用，在药液中加入黏着剂、缓释剂（如聚乙烯醇、淀粉等），用毛笔或端部绑有棉絮海绵的竹筷蘸取配制好的药液，涂抹在棉花幼苗的茎部红绿交界处，对棉花蚜虫的防治效果在95%以上，并且能防治棉花红蜘蛛和一代棉铃虫。这种涂茎施药方法与喷雾法相比，农药用量可以降低二分之一，另外对天敌的杀伤力也小。

需要注意的是，采用这种涂茎方法时，要防止把药液滴落在叶片和幼嫩的生长点上，以防灼伤叶片或烧死棉苗。

（三）树干涂抹技术

把一定浓度的药液涂抹在树干或刮去树皮的树干上，达到控制病虫害的目的，这种方法称为树干涂抹技术。树干涂抹一般使用具有内吸作用的药剂，使药剂被植株吸收而发生作用。一般多用这种方法施用杀虫剂来防治害虫，也可施用具有一定渗透力的杀菌剂来防治病害。这种施药技术，药液没有飘移，几乎全部沾附在植物上，药剂利用率高，不污染环境，对有益生物伤害小，使用方便。

涂抹法多用于防治害螨、蚜虫、蚧壳虫、粉虱等刺吸式口器的害虫和缺锌花叶病，对调控植株的营养成长和生殖成长等也有良好的效果。

树干涂抹法防治病害，多为涂抹刮治后的病疤，防止复发或蔓延。例如，酸橙树腐烂病刮治后涂抹腐必清、丁香菌酯（武灵士）等杀菌剂；果树的流胶病，在刮去流胶后，涂抹石硫合剂；果树的膏药病、脚腐病等，刮削病斑后，涂抹石硫合剂等药剂，都有很好的防治效果。

但要注意涂抹药液的浓度不宜太大，刮去粗皮的深度以见白皮层为宜，过深会灼伤树皮引起腐烂而导致树势衰弱乃至死树。以春季和秋初涂抹效果为好。高温时应降低施用浓度，雨季涂抹容易引起树皮霉烂。休眠期树液停止流动，涂药无效。对果树，涂药时间至少要距采果 70 天以上，否则果实体内残留量大。非全株性病虫，主干不用施药，只抹树梢。衰老园更不宜用涂抹法防治病虫。

将配制好的药液，用毛笔、排刷、棉球等将药液涂抹在幼树表皮或刮去粗皮的大树枝干上，或发病初期的二三年生枝上，然后用有色塑料薄膜包裹树干、主枝的涂药部位（避免阳光直射，防止影响药效）；或用脱脂棉、草纸蘸药液，帖敷在刮去粗皮的枝干上，再用塑料薄膜包扎。涂药的浓度、面积、用量，视树冠的体积大小和涂药的时间，以及施用的目的和防治对象而异。

十、滴加法

滴加法就是把药液滴加到灌溉水中的一种施药方法。例如在水稻田施用恶草灵防除杂草，可在灌水口处把药液滴加到水中，药剂随灌溉水分布到全田中。

滴加法只适合于少数农药在特定环境中的使用，用户一定要根据农药标签上说明和当地技术人员的指导来采用滴加法，千万不可把不适合的药剂采用滴加法，不仅浪费农药，还会影响防治效果。

十一、瓶甩法（撒滴法）

瓶甩法（撒滴法）施药需要专用的农药剂型——撒滴剂，它是根据水稻、水生蔬菜等水生作物田中有水的特定条件而研究的施药方法，仅适用于水稻田和其他水田作物，不能用于旱田作物。

商品撒滴剂是装在特制的撒滴瓶中供撒滴用的药液。撒滴剂与撒滴瓶成为一个包装整体，既是撒滴剂又是撒滴瓶，撒滴剂包装瓶的内盖上有数个小孔（一般3~4个），施药时药液无须加水稀释，不需要使用喷雾器，操作人员打开撒滴瓶的外盖，手持药瓶左右甩瓶将药液抛撒入田即可。用18%杀虫双撒滴剂防治水稻害虫，施药时手持药瓶，在田间或田埂缓步行走，左右甩动药瓶。处理1亩稻田只需5~10分钟，不需要强劳力作业。施药时间不受天气条件的影响和限制。为使药剂入水后能迅速扩散，用撒滴剂时田间应有4~6厘米水层，施药后保水 3~5 天。

除使用专门撒滴瓶外，用户也可自己制作撒滴瓶。例如可以用 1 个 500 毫升的矿泉水瓶制作撒滴瓶，取下瓶盖，用 1 个直径为 2~3 毫米的铁钉，从瓶盖内向瓶盖外锥出一锥形小孔，并使小孔呈小凸起状，凸起的小孔顶部形成直径 1 毫米的孔，瓶盖内侧小孔基部直径为 2~3 毫米。在每一瓶盖锥出 3~4 个孔，锥孔中心线应同瓶盖中心线有一个小的夹角，以便每一孔流出的药液向外侧分开而不互相重叠。

把药液定量注入瓶中，加盖后拧紧，在行走过程中左右甩动撒滴瓶，药液即可从瓶盖上的小孔射出成为直径约 1 毫米的液柱。由于药液表面张力的作用，液柱很快就会自动断裂成为无数大小均匀的液滴，直径为 1.5~2 毫米，随着撒滴瓶的左右摆动分散沉落到田水中。

撒滴的抛送距离可由操作者掌握。撒滴瓶的摆动速度大则抛送距离远，反之则近。需根据田块大小及地形决定。操作时应走直线，匀速前进，不要任意走动，以免剧烈搅动田水。撒滴时田间应保持约 5 厘米厚的水层。

第五章 施用器械的正确使用方法

第一节 植保机械的概述

一、植保机械（施药机械）的种类

（1）按喷施农药的剂型和用途分类。分为喷雾机、喷粉机、喷烟（烟雾）机、撒粒机、拌种机、土壤消毒机等。

（2）按配套动力进行分类。分为人力植保机具、畜力植保机具、小型动力植保机具、大型机引或自走式植保机具、航空喷洒装置等。

（3）按操作、携带、运载方式分类。人力植保机具可分为手持式、手摇式、肩挂式、背负式、胸挂式、踏板式等；小型动力植保机具可分为担架式、背负式、手提式、手推车式等；大型动力植保机具可分为牵引式、悬挂式、自走式等。

（4）按施液量多少分类。可分为常量喷雾、低量喷雾、微量（超低量）喷雾。但施液量的划分尚无统一标准。

（5）按雾化方式分类。可分为液力喷雾机、气力喷雾机、热力喷雾（热力雾化的烟雾）机、离心喷雾机、静电喷雾机等。气力喷雾机起初常利用风机产生的高速气流雾化，雾滴尺寸可达100微米左右，称之为弥雾机。近年来又出现了利用高压气泵（往复式或回转式空气压缩机）产生的压缩空气进行雾化，由于药液出口处极高的气流速度，形成与烟雾尺寸相当的雾滴，称之为常温烟雾机或冷烟雾机。还有一种用于果园的风送喷雾机，用液泵将药液雾化成雾滴，然后用风机产生的大容量气流将雾滴送向靶标，使雾滴输送得更远，并改善了雾滴在枝叶丛中的穿透能力。

二、常用杀虫灯具及其他

（一）频振式杀虫灯

频振式杀虫灯（图5-1）可广泛用于农、林、蔬菜、烟草、仓储、酒业酿造、园林、果园、城镇绿化、水产养殖等，特别是被棉铃虫侵害的领域。可诱杀农、林、果树、蔬菜等多种害虫，主要有棉铃虫、金龟子、地老虎、玉米螟、吸果夜蛾、甜菜夜蛾、斜纹夜蛾、松毛虫、美国白蛾、天牛等87科1 287种害虫。据试验，平均每天每盏灯诱杀害虫几千头，高峰期可达上万头。降低落卵量达70%左右。诱杀成虫，效果显著。

图5-1　佳多频振式杀虫灯

由于频振式杀虫灯将害虫直接诱杀在成虫期，而不是像农药主要灭杀幼虫，大大提高了防治效果。同时又避免了害虫抗药性的发生和喷洒农药对害虫天敌的误杀，有的用户反映在前年挂灯后，第二年田里的害虫很少，而未挂灯的邻村田里则害虫成灾。

保护天敌，维护生态平衡。据试验，频振式杀虫灯的益害比为 1：97.6，比高压汞灯（1：36.7）低 62.4%，表明频振式杀虫灯对害虫天敌的伤害小，诱集害虫专一性强。频振式杀虫灯诱到的活成虫可以将其饲养产卵，作为寄主让寄生蜂寄生后放回大田，让天敌作为饲料，有利于大田天敌种群数量的增长，维护生态平衡。

减少环境污染，降低农药残留。频振式杀虫灯是通过物理方法诱杀害虫，与常规管理相比，每茬减少用药 2~3 次；大大减少农药用量，降低农药残留，提高农产品品质，减少对环境的污染，避免人畜中毒事件，适合无公害农产品的生产，不会使害虫产生任何抗性，并将害虫杀灭在对农作物的危害之前，具有较好的生态效益和社会效益。

控制面积大，投入成本低。每盏杀虫灯有效控制面积可达30~60 亩，亩投入成本低，单灯功率 30 瓦，每晚耗电 0.5 度，仅为高压汞灯的 9.4%。如果全年开灯按 100 天，每天 8~10小时计，灯价、电费和其他设备费用，平均每亩投入成本仅为5.2~6 元，一次安灯，多年受益；一年如减少两次人工用药防治，以每台控制 60 亩面积计算可减少药费、人工支出 750 元左右。

使用简单，操作方便。如果在果园或农田边的池塘里挂上频振式杀虫灯，就形成了一个良性生态链：杀虫灯杀灭害虫，害虫喂鱼，鱼拉粪便肥水，肥水淋施果、菜，既减轻了种养成本，又优化了生态环境。诱捕到的害虫没有农药的污染，是家禽、鱼、蛙优质的天然饲料，用于生态养殖，变废为宝，经济效益、生态效益、社会效益显著。

（二）自动虫情测报灯

自动虫情测报灯随昼夜变化自动开闭、自动完成诱虫、收集、分装等系统作业，留有升级接口。设置了八位自动转换系统，可实现接虫器自动转换。如遇节假日等特殊情况，当天未能及时收虫，虫体可按天存放，从而减轻测报人员工作强度，节省工作时间；利用远红外快速处理虫体。灯光引诱、远红外处理虫体、接虫器自动转换等功能使虫体新鲜、干燥、完整，利于昆虫种类鉴定，便于制作标本。

佳多牌自动虫情测报灯产品特点：

（1）采用不锈钢结构，利用光、电、数控技术。

（2）晚上自动开灯，白天自动关灯。减轻测报人员工作强度，节省工作时间。

（3）利用远红外处理虫体。与常规使用毒瓶（氰化钾、敌敌畏等）毒杀方式相比，不会危害测报工作者身体健康，避免有毒物质造成环境污染。

（4）接虫盏自动转换。如遇特殊情况，当天没有进行收虫，自动转换系统将虫体按天存放。

（5）灯光引诱、远红外处理虫体等功能便于制作标本。

（6）设有雨控装置开关，将雨水自动排出。避免雨水浸泡虫体。

（7）诱虫光源：20 瓦黑光灯管或 200 瓦白炽灯泡。

（8）电源电压：交流 220 伏。

（9）功耗：待机状态 ≤ 5 瓦工作状态 ≤ 300 瓦（平均功率）。

（三）定量风流孢子捕捉仪

定量风流孢子捕捉仪可检测农林作物生长区域内空气中的

真菌孢子及花粉，主要用于监测病害孢子存量及其扩散动态，通过配套工具光电显微镜与计算机连接，显示、存储、编辑病菌图像，为预测和预防病害流行提供可靠数据，是农业植保和植物病理学研究部门必备的病害监测专用设备。也可根据用户需要增设时控、调速装置。

第二节 手动喷雾器的使用技术

一、喷头的选择对防治效果影响大

喷头是手动喷雾器具（图 5-2）最为重要的部件之一，是关系施药效果的关键因素。它在农药使用过程中的作用包括：计量施药液量、决定喷雾形状（如扇形雾或空心圆锥雾）和把药液雾化成细小雾滴。

图 5-2 手动喷雾器

（一）扇形雾喷头

药液从椭圆形或双突状的喷孔中呈扇面喷出，扇面逐渐变薄，裂解成雾滴。扇开雾头所产生的雾滴大都沉积在喷头下面的椭圆形区域内，雾滴分布均匀，主要用于安装在喷杆上进行除草剂的喷洒，也可喷洒杀虫剂或杀菌剂用于作物苗期病虫害的防治。喷除草剂或做土壤处理时，喷头离地面高度为 0.5 米；喷杀虫剂、杀菌剂和生长调节剂时，喷头离作物高度 0.3 米。采用顺风单侧平行推进法喷雾，严禁将喷头左右摆动。首先将扇形喷头的开口方向调整到与喷杆方向垂直，施药时手持喷杆与身体一侧保持一定距离（以直线前进时踩不到施药带为宜）和一定高度，直线前进即可。

（二）空心圆锥雾喷头

空心圆锥雾喷头的喷孔片中央部位有 1 喷液孔，按照规定，这种喷头应该配备有 1 组孔径大小不同的 4 个喷孔片，它们的孔径分别是 0.7 毫米、1.0 毫米、1.3 毫米和 1.6 毫米，在相同压力下喷孔直径越大则药液流量也越大。用户可以根据不同的作物和病虫草害，选用适宜的喷孔片。由于喷孔的直径决定着药液流量和雾滴大小，操作者切记不得用工具任意扩大喷片的孔径，以免破坏喷雾器应用的特性。用于喷洒杀虫剂和杀菌剂等，适用于作物各个生长期的病虫害防治，不宜用于喷洒除草剂。施药时应使喷头与作物保持一定距离，避免因距离过近直接喷洒而造成药液流淌、分布不均匀等现象。采用顺风单侧多行交叉"之"字形喷雾方法，确保施药人员处在无药区。

（三）可调喷头

可根据不同防治对象，旋转调节喷头帽而改变雾锥角和射程，但调节喷头对其雾化质量有很大影响。随着旋转喷头帽角度的增大，雾滴直径将显著变粗，甚至变成水柱状，此时虽可进行果树施药，但农药流失量大，浪费严重。此喷头的流量大，主要用于喷洒土壤处理型除草剂和作物基部病虫害的防治。

二、喷雾器中除草剂稀释注意问题

为了施药方便，现在许多农民朋友在喷施除草剂时都不单独配制稀释液，而是将除草剂加入喷雾器中，在喷雾器中配制稀释液配好后直接喷施，但是由于对配制除草剂稀释液的技术掌握不好，在配制过程中往往会出现问题直接影响除草剂的防效，在配制过程中必须注意以下 4 个问题。

（1）除草剂的剂型。除草剂的剂型有很多，例如乳剂、水剂、胶悬剂见水后很快溶解并扩散，对这些剂型的除草剂可采用一步稀释法配制，即将一定量的除草剂直接加入喷雾器中稀释，稀释后即可喷施，72%都尔乳剂、90%禾耐斯乳油都可采用这种方法，可湿性粉剂、干燥悬乳剂等剂型不能采用一步稀释法，而必须采用两步稀释法配制：第一步是按要求准确称取除草剂加少量水搅动，使其充分溶解即为母液，75%巨星干燥悬乳剂必须采取这种方法稀释，而决不能采取一步稀释法。

（2）配制稀释剂。在喷雾器中配制稀释液，必须先在药箱中加入约 10 厘米深的水后才可将药剂或母液慢慢加入药箱，然后加水至水线即可喷施，决不能在水箱中未加清水前或将水箱加满清水后倒入药剂或母液，因为这样很难配制出均匀的稀释液，会严重影响防除效果。

（3）药箱中药液配好后要立即喷施。原因是各种除草剂的比重不完全一样，如除草剂比重比水大，存放一段时间后除草剂会下沉，造成下部药液浓度大，上部药液浓度小，严重影响除草效果。

（4）喷雾器中的稀释液以加至喷雾器的水位线为好，决不能一下子充满。如将喷雾器药箱充满，在施药人员行走时，药液难以晃动，药剂容易出现下沉或上浮现象，影响药液均匀度，从而影响除草剂效果。另外，在施药人员施药时药液还容易从药箱上口溅出来，滴到施药人员身上，所以药箱中的药液一定不要加得太满。

三、喷雾器的清洗

喷雾器等小型农用药械在喷完药后应立即进行清洗处理，特别是剧毒农药和除草剂，要立即将药械桶内清洗干净，否则导致残留在药桶内对农作物或蔬菜产生毒害、药害。

具体清洗方法：

（1）一般杀虫剂、除草剂、微肥等，用药后反复清洗、倒置、晾干即可。对毒性大的农药要多清洗几遍。

（2）除草剂的清洗。

①如常见的玉米、大豆田的封闭药用后立即清洗2~3遍，再用清水灌满喷雾器浸泡半天到一天，倒掉后再清洗两遍就可以了。

②对克无踪的清洗，针对克无踪遇土便可钝化，失去除草活性原理，故而在打完除草剂克无踪后马上用泥水清洗数遍，再用清水洗净。

③2，4-D丁酯比较难清洗，对花生等阔叶植物有害，应用0.5%的硫酸亚铁溶液充分洗刷，再用清水冲洗。

第三节　机动喷雾器的使用技术

一、加燃油

如"东方红"WFB-18AC背负式喷雾器（图5-3）使用的燃料为汽油和机油的混合油，汽油的牌号为90#，机油为二冲程汽油机专用机油，严禁使用其他牌号的机油，汽油与机油的容积混合比为 25：1。

图 5-3 机动喷雾器

（1）加油时按照容积混合比配置混合油，充分摇匀后注入油箱。

（2）加油时若溅到油箱外面，请擦拭干净；不要加油过满，以防溢出。

（3）加燃油后请把油箱盖拧紧，防止作业过程中燃油溢出。

注意：

（1）严禁使用纯汽油作燃料。

（2）若使用劣质汽油及机油，火花塞、缸体、活塞环、消音器等部件容易积炭，影响汽油机的使用性能，甚至损坏汽油机。

（3）加燃油时避免皮肤直接与汽油接触，以免伤害身体。

二、启动与停机

启动之前，把机器放在平稳牢固的地方，确定无旁观人员。在接近汽油、煤气等易燃物品的地方不要操作本机。

（一）启动前的检查

（1）新机开箱后，对照装箱清单检查随机零件是否齐全，并检查各零部件安装是否正确牢固。

（2）检查火花塞各连接处是否松脱，火花塞两电极间隙是否符合要求，火花塞是否正常。

（3）将起动器轻轻拉动几次检查机器转动是否正常。

（二）冷机启动

（1）将静电开关置于"关"位置。

（2）将化油器上阻风门置于全开位置。

（3）轻轻拉出启动绳，反复拉动几次，使混合油进入箱体。注意启动绳返回时，切不可松手，应手握启动器拉绳手柄让其自动缩回，以防损坏启动器。

（4）将化油器阻风门置于全闭位置，再用力拉动启动绳。

（5）发动机启动后，将阻风门置于全开位置，让机器低速运转3~5分钟后，再将油门置于高速位置进行喷洒作业。

（三）热机启动

（1）发动机在热机状态下启动时，应将阻风门置于全开位置。

（2）启动时，如吸入燃油过多，可将油门手柄和阻风门置于全开位置，卸下火花塞，拉动启动绳5~6次，将多余的燃油排出，然后装上火花塞，按前述方法启动。

（四）停机

（1）将油门手柄松开即可。

（2）喷雾时，先关闭药液开关再停机。

注意：启动后和停机前必须空转3~5分钟，严禁空载高速运转，防止汽油机飞车造成零件损坏或出现人身事故，严禁高速停车。

三、喷雾、喷粉作业

（一）喷雾作业

1. 喷雾作业前的准备

（1）加药液前，先加入清水试喷一次，检查各处有无渗漏。

（2）加药时应先关闭输液开关，加液不可过急、过满以防外溢。

（3）药液必须干净，以免堵塞喷嘴。

2. 喷雾作业

启动机器后背起机器，调整操纵手柄，使汽油机稳定在额定转速左右，打开输液开关，用手摆动喷管即可进行喷雾作业。在一段长时间的高速运转后，应使机器低速运转一段时间，以使机器内的热量可以随着冷空气驱散，这样有助于延长机器使用寿命。

（1）控制单位面积喷量，可通过调量阀完成，位置 1 喷量最小，位置 4 喷量最大。

（2）控制单位面积喷量，除用调量阀进行速度调节外，还可以转动药液开关角度，改变药液通道截面来调节。

（3）喷洒灌木可将弯管向下，防止药液向上飞。

（4）由于雾滴极细，不易观察喷洒情况，一般认为植物叶子只要被吹动，证明药液已到达了。

机动喷雾器的工作原理：汽油机带动风机叶轮旋转产生高速气流，并在风机出口处形成一定压力，其中大部分高速气流经风机出口流入喷管，少量气流经风机上部的出口，经导风软管，穿过进气塞上的小孔进入塑料软管，到达药箱上面的出气嘴，进入药箱，在药箱的内部形成压力。药液在压力的作用下，通过出液塞流入药箱外部的塑料软管，经过开关到调量阀流入喷嘴，从喷嘴小孔流出的药液被喷管内的高速气流吹成极细的雾滴，雾滴经过喷头的静电喷片带上静电，然后喷向前方。

（二）喷粉作业

（1）喷粉时，将粉门开关放在全闭位置，即"-"号位置，然后再加药粉，以免开机后有药剂喷出。

（2）加入的药粉应干燥，无结块，无杂物。

（3）加入的粉剂最好当天用完，不要长时间存在药箱里，因粉剂存放时间长易吸收水分，形成结块，再次使用时很难消除结块，并容易失效。

（4）加入药粉后，药箱口螺纹处的残留药粉要清扫干净，再旋紧箱盖，以防漏粉。

（5）启动发动机，背起机器，调整油门手柄使汽油机达到额定转速，调整粉门轴即可进行喷粉作业。

第四节　背负式机动喷雾器使用技术

一、供油系统

保持汽化器良好的技术状态，使进入气缸内的混合气不浓也不稀。如混合气过浓，发动机冒黑烟，燃烧不完全，油耗增加，功率下降；混合气过稀，燃烧缓慢，工作时间延长。汽化器的喷管量孔增大，浮子室油面不正常，油针卡簧和风量活塞高度调整不当等，都会使混合气过浓或过稀，油耗增加，功率下降。东方红-18型喷雾器配套的 IE40FP 汽油机，转速达到5 000转/分钟，就可满足喷雾器要求。如果把油门调整到最大位置，即风量活塞处全开，油针卡簧放在最下格，汽油机转速能达到 6 000 转/分以上，此时汽油消耗比正常要高出 27% 左右，使油耗增加。

二、点火系统

研究表明，点火角度相差 1°，油耗即增加 1%，点火过早，不仅使气缸内压力升高过早，还使气缸内经常处于爆燃状态，导致烧坏活塞和火花塞绝缘体等；点火过迟，混合气的燃烧延迟到上孔点后，燃烧时的最高压力和最高温度下降，由于燃烧时间延长，排气温度升高，热损失增多，使发动机功率下降，油耗增加。白金间隙过大，易产生断火；间隙过小，易烧白金，产生的火花弱，混合气燃烧不彻底，油耗增加。

三、压缩系统

压缩良好的汽油机，其气缸压力高，混合气点燃速度快，爆发力大，发动机工作效率高。汽缸漏气时，压力降低，发动机工作性能破坏，油耗增加。工作中如发现漏气，应立即排除故障，不要带病工作。气缸、活塞、活塞环等磨损，会引起气缸压力降低；曲轴箱结合面、轴承油封漏气，也会使气缸压力下降，油耗增加。此外，每天作业结束后，用汽油清洗空气滤清器，做到进气干净、无阻。混合气要随用随配。熄火时，要先关油门，尽量不要用断电办法熄火，以免混合油流入曲轴箱，造成混合气过浓，下次启动困难。风扇转动应平稳、无杂音，药具保持完好不变形。夏天作业结束或休息时，应把机器放在阴凉处，不要在太阳下暴晒，以免汽油蒸发造成浪费。

第五节　机动喷雾器安全操作注意事项

（1）本机所排放的废气中含有毒气体，为了确保您的身体不受伤害，在室内、通风不畅的地方不要使用。

（2）消音器护罩、缸体和导风罩表面温度较高，起动后不要用手触摸，以防烫伤。

（3）作业时必须确定周围无旁观人员，作业时高速气流能把小的物体吹向远方，所以喷管前严禁站人！

（4）作业过程中若有机器异响，立即停止作业，关闭机器后再检查情况。

（5）为了安全有效地喷洒，工作人员要逆风而行，喷口方向要顺风喷洒。

（6）喷洒药剂时应避开中午高温期，最好在早上和下午无风较凉爽的天气进行，这样可以减少药的挥发和飘移，提高防治效果。

（7）为了保证操作者的健康和安全及延长机器的使用寿命，请一天工作时间不要超过 2 小时，持续工作不要超过 10 分钟。

（8）本机带有静电发生装置，请使用时将接地线与大地接触，防止触电。

第六章 无人机施药技术

第一节 无人机的概述

无人机是一种有动力、可控制、能携带多种任务设备、执行多种任务，并能重复使用的无人驾驶航空器。它们没有驾驶舱，但安装有自驾仪、飞行姿态控制等设备，以助推、垂直起降、喷射起飞等方式起飞，以降落伞、拦阻索、接收网等方式回收，可多次使用。无人机曾经作为一种作战武器在战场中显示出强大的战斗能力。无人机在民用领域应用主要表现在航空摄影、地面灾害评估、航空测绘、交通监视、消防、人工增雨等方面。无人机在农田中的应用逐渐开始出现，主要集中在农田信息遥感、灾害预警、施肥喷药等领域。

一、无人机发展概况

世界上第一架无人机是由英国人于 1917 年研制的。这是一架无线电操纵的小型单翼机，由于受到当时许多技术问题的制约，所以试验失败。而后终于在 20 世纪 30 年代初研制成功无线电操纵的无人靶机，直到 80 年代，美国将无人机应用于越战和海湾战争。一般来说，无人机主要由如图 6-1 所示部分构成。

世界上第一台农用无人机出现在 1987 年日本，Yamaha 公司受日本农业部委托，生产出 20 千克级喷药无人机"R-50"，

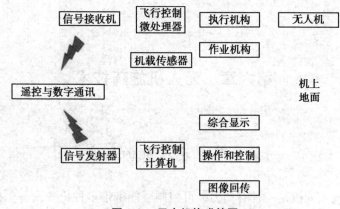

图 6-1　无人机构成简图

经过近 20 多年的发展，目前日本拥有 2 346 架已注册农用无人直升机，操作人员 14 163 人，成为世界上农用无人机喷药第一大国。我国系统研究微小型无人机航空施药喷雾技术开始于 2008 年，由国家资助，开始单旋翼无人机低空低量施药技术的研究。

农用无人机有多种分类方法：如按照动力来源，分为电动和油动；按机型结构，分为固定翼、单旋翼、多旋翼和热动力飞行器；按起飞方式可分为助跑起飞、垂直起飞垂直降落；等等。以下按照其主要结构进行分类。

1. 固定翼无人机

固定翼无人机是由动力装置（如燃油发动机、电机等）产生推力或者拉力，由机翼产生升力，机翼位置和掠角等参数在飞行过程中保持不变的飞行器，图 6-2 为浙江大学研制的小型农田信息遥感无人机。

固定翼无人机具有滑翔性能好，续航长，航程远，飞行高度高，飞行速度快等优点，适合应用于农田营养信息获取、灾

图 6-2　固定翼无人机

害预警、成熟度估测等。然而固定翼受天气影响大，气流变化剧烈的时候不宜飞行。

2. 单旋翼直升机

单旋翼直升机（图 6-3）通过主桨切割空气产生推力，尾桨保证平衡，无需跑道助跑，可垂直起降和稳定悬停，飞行灵活性和可靠性相对于固定翼要高很多。在农业中有很多应用：如刘小龙采用嵌入式主板设计无人机图像采集系统；李冰等采用京商 260 和 ADC 多光谱相机通过测定冬小麦覆盖度变化，对冬小麦生长过程中的 5 个主要生育期进行监测，分析了空间尺度变化对结果的影响，Tian Lei 等通过收集机载导航系统对飞行高度和位置的估测数据，采用一定的变形模型对遥感所得图片进行几何校正，而无需控制点。日本"RMAX"系列无人机、中国总参谋部六十所的"Z"系列无人机都属于这种结构。

3. 多旋翼飞行器

多旋翼飞行器原型出现于 1922 年，然而直到 1999 年才出现多旋翼无人机。多旋翼无人机以三个或者偶数个对称非共轴螺旋桨产生推力上升，以各个螺旋桨转速改变带来的飞行平面

图 6-3　单旋翼直升机

倾斜实现前进、后退、左右运动，以螺旋桨转速次序变化实现自转，垂直起飞降落，场地限制小，可空中稳定悬停。多旋翼飞行器出现后，以优越的飞行稳定性、简单的动力学结构和低廉的价格迅速获得广泛的关注和使用。多旋翼无人机采用锂聚合物电池供电，自动化程度高，飞行平稳，操作技术要求低。同时由于结构所限，载质量一般不高（10 千克左右），续航时间较短（15~20 分钟）。图 6-4 为浙江大学与浙江得伟有限公司联合开发的中型八轴多旋翼农田信息遥感平台。

图 6-4　多旋翼飞行器

二、无人机生产单位

无人机植保作业相对于传统的人工喷药作业和机械装备喷药有很多优点：作业高度低，飘移少，可空中悬停，无需专用起降机场，旋翼产生的向下气流有助于增加雾流对作物的穿透性，防治效果好，远距离遥控操作，喷洒作业人员避免了暴露于农药的危险，提高了喷洒作业安全性等。无人直升机喷洒技术采用喷雾喷洒方式至少可以节约50%的农药使用量，节约90%的用水量，这很大程度上降低了资源成本。

在我国，作为农业用途的无人驾驶轻型直升机目前处于初级研究阶段。国内通用轻型农用无人直升机主要有中国人民解放军总参第六十研究所开发的"Z-3"无人直升机，农业部南京农业机械化研究所开发的喷药无人机，浙江大学和浙江得伟工贸公司开发的"DWH-1"等无人机。相对于军事及其他行业，农业作业对无人机性能要求更高，上述机型应用于农业还有许多技术难点需要攻克，农业航空发展还任重道远；但相对于需求，其发展空间很大。

目前我国生产航模的企业有近200家（包括旋翼和固定翼无人机），具有自主研发能力，并已进入农业市场的单位和企业10余家；相关无人机农业装备技术研究院所20余家。

三、未来发展方向

认清差距才能更好地改进产品。向日韩农用航空设备学习经验，弥补不足，可以迅速提升自己的水平。

（1）提升农用无人机自动化水平，降低飞行中人为因素。开发离地高度锁定技术，降低对操作人员的操作要求。去除与作业无关的功能，做好作业机械一体化设计，使得飞行器与作业机械成为一个有机组合农业机具。

（2）科学规划农用无人机作业流程，切实提升作业效率。改变人机协作方式，减少中间无谓的等待，能够明显提升作业效率。

（3）优化飞行算法，提升飞行稳定性和抗风险能力。由于农用无人机载重较大，惯性大，存在控制响应滞后的问题，如何优化算法，实现飞行器平稳控制，如何提升飞行器的安全性，降低农民所承担的风险，都是农业工程师要解决的问题。

（4）开发变量作业农机具，降低损耗和污染。依据精细农业的要求，按照农田需求处方图进行变量耕作，是农业自动化与生态农业发展的新要求。

（5）提升产品服务质量。卖一台飞机并不等于满足了农民对农田喷药的需求，产品销售方要建立完善的售后服务网络，为农民提供技术咨询服务，提供及时的技术保障与故障维修服务。

（6）开发低碳环保、环境友好的新能源无人机。现在无人机多选用石油燃料或者电池作为动力来源。石油燃料碳排放很大，而且燃油危险性高；电池的生产过程和废弃回收都会浪费资源，造成环境污染。太阳能无人机已经在美国出现，它以太阳能作为能量来源，在太阳稍微充足情况下，即可做到全天候飞行。

第二节　植保无人机作业流程

一、确定防治任务

展开飞防服务之前，首先需要确定防治农作物类型、作业面积、地形、病虫害情况、防治周期、使用药剂类型以及是否有其他特殊要求。

　　具体来讲就是：勘察地形是否适合飞防、测量作业面积、确定农田中的不适宜作业区域（障碍物过多可能会有炸机隐患）、与农户沟通、掌握农田病虫害情况报告，以及确定防治任务是采用飞防队携带药剂还是农户自己的药剂。

　　需要注意的是，农户药剂一般自主采购或者由地方植保站等机构提供，药剂种类较杂且有大量的粉剂类农药。由于粉剂类农药需要大量的水去稀释，而植保无人机要比人工节省90%的水量，所以不能够完全稀释粉剂，容易造成植保无人机喷洒系统堵塞，影响作业效率及防治效果。因此，需要和农户提前沟通，让其购买非粉剂农药，比如水剂、悬浮剂、乳油等。

　　另外，植保无人机作业效率根据地形一天为200~600亩，所以需要提前配比充足药量，或者由飞防服务团队自行准备飞防专用药剂，进而节省配药时间，提高作业效率。

二、确定飞防队伍

　　确定防治任务后，就需要根据农作物类型、面积、地形、病虫害情况、防治周期和单台植保无人机的作业效率，来确定飞防人员、植保无人机数量以及运输车辆。一般农作物都有一定的防治周期，在这个周期内如果没有及时将任务完成，将达不到预期的防治效果。对于飞防服务队伍而言，首先应该做到的是保证防治效果，其次才是如何提升效率。

　　举例来说，假设防治任务为水稻2 500亩，地形适中，病虫期在5天左右，单旋翼油动植保无人机保守估计日作业面积为300亩。300亩×5天＝1 500亩，所以需要出动两台单旋翼油动植保无人机；而一台单旋翼油动植保无人机作业最少需要一名飞手（操作手）和一名助手（地勤），所以需要2名飞手与2名助手。最后，一台中型面包车即可搭载4名人员和2~3

架单旋翼油动植保无人机。

需要注意的是，考虑到病虫害的时效性及无人机在农田相对恶劣的环境下可能会遇到突发问题等因素，飞防作业一般可采取 2 飞 1 备的原则，以保障防治效率。

三、环境天气勘测及相关物资准备

首先，进行植保飞防作业时，应提前查知作业地方近几日的天气情况（温度及是否有伴随大风或者雨水）。恶劣天气会对作业造成困扰，提前确定这些数据，更方便确定飞防作业时间及其他安排。其次是物资准备。电动多旋翼需要动力电池（一般为 5~10 组）、相关的充电器，以及当地作业地点不方便充电时可能要随车携带发电设备。单旋翼油动直升机则要考虑汽油的问题，因为国家对散装汽油的管控，所以要提前加好所需汽油或者掌握作业地加油条件（一般采用 97#），到当地派出所申请农业散装用油证明备案（不同地域有所差别，管控松紧不一，一般靠近农村乡镇不会有这种问题）。

然后是相关配套设施，如农药配比和运输需要的药壶或水桶、飞手和助手协调沟通的对讲机，以及相关作业防护用品（眼镜、口罩、工作服、遮阳帽等）。如果防治任务是包工包药的方式，就需要飞防团队核对药剂类型与需要防治作物病虫害是否符合，数量是否正确。

一切准备就绪，天气适中，近期无雨水或者伴随大风（一般超过 3 级风将会对农药产生大的漂移），即可出发前往目的地开始飞防任务。

四、开始飞防作业

飞防团队应提前到达作业地块，熟悉地形、检查飞行航线路径有无障碍物、确定飞机起降点及作业航线基本规划。

随后进行农药配置，一般需根据植保无人机作业量提前配半天到一天所需药量。

最后，植保无人机起飞前检查，相关设施测试确定（如对讲机频率、喷洒流量等），然后报点员就位，飞手操控植保无人机进行喷洒服务。

在保证作业效果效率（例如航线直线度、横移宽度、飞行高度、是否漏喷重喷）的同时，飞机与人或障碍物的安全距离也非常重要。任何飞行器突发事故时对人危险性较高，作业过程必须时刻远离人群，助手及相关人员要及时进行疏散作业区域人群，保证飞防作业安全。

用药时请使用高效低毒检测无残留的生物农药，以避免在喷洒过程中对周围的动植物产生不良影响、纠纷和经济赔偿。气温高于35℃时，应停止施药，高温对药效有一定影响。

一天作业任务完毕，应记录作业结束点，方便第二天继续前天作业田块位置进行喷洒。然后是清洗保养飞机、对植保无人机系统进行检查、检查各项物资消耗（农药、汽油、电池等），记录当天作业亩数和飞行架次、当日用药量与总作业亩数是否吻合等，从而为第二天作业做好准备。

第七章　植保基础知识

第一节　农作物害虫基础知识

昆虫属于动物界中无脊椎动物节肢动物门昆虫纲，是动物界中种类最多、分布最广、种群数量最大的类群。动物界有350多万种动物，已知昆虫种类110多万种，约占动物界的1/3。昆虫不仅种类多，而且与人类的关系非常密切，许多昆虫可为害农作物，传播人、畜疾病，也有很多昆虫具有重要的经济价值，如家蚕、柞蚕、蜜蜂、紫胶虫、白蜡虫等，有的昆虫能帮助植物传播花粉，有的能协助人们消灭害虫。农业昆虫是指危害农作物的昆虫和天敌昆虫，还包括蜘蛛纲的蜘蛛和螨类以及蜗牛和蛞蝓等。

一、害虫的发生与环境的关系

影响害虫发生的时间、地区、发生数量以及危害程度是与环境密切相关的。影响害虫发生的时间及危害程度的环境因素主要有以下3方面。

（一）食物因素

农作物不仅是害虫的栖息场所，而且还是害虫的食物来源，害虫与其寄主植物世代相处，已经在生物学上产生了适应的关系，也就是害虫的取食具有一定选择性，既有喜欢吃的也有不喜欢吃的植物。如保护地种植的番茄、辣椒是白粉虱喜欢的寄主，容易造成白粉虱大发生，甚至大暴发；而种植芹菜、蒜黄等白粉虱不喜欢吃的植物就可避免大发生。所以，改变种植品种、布局、播期以及管理措施等都可以很大程度上影响害虫的发生程度。

（二）气象因素

气象因素包括温度、湿度、风、雨、光等，其中，温度、湿度影响最大。昆虫是变温动物，其体温随环境温度的变化而变化，所以昆虫的生长发育直接受温度的影响，可以影响害虫发生的早晚和每年发生的世代数；湿度与雨水对害虫的影响表现是：有些害虫在潮湿雨水大的条件下不易存活，如蚜虫、红蜘蛛喜欢干旱的环境条件。

（三）天敌因素

害虫的天敌是抑制害虫种群的十分重要的因素，在自然条件下，天敌对害虫的抑制能力可以达到20%～30%，不可低估天敌的抑制能力。了解和认识昆虫的天敌是为了保护和利用天敌，达到抑制或防治害虫的目的。害虫天敌是自然界中对农业害虫具有捕食、寄生能力的一切生物的统称，昆虫的天敌主要包括以下3类。

1. 天敌昆虫

包括捕食性和寄生性两类，捕食性的有螳螂、草蛉、虎甲、步甲、瓢甲、食蚜蝇等。寄生性的以膜翅目、双翅目昆虫利用价值最大，如赤眼蜂、蚜茧蜂、寄生蝇等。

2. 致病微生物

目前，研究和应用较多的昆虫病原细菌为芽孢杆菌，如苏芸金杆菌。病原真菌中比较重要的有白僵菌、蚜霉菌等。昆虫病毒最常见的是核型多角体病毒。

3. 其他食虫动物

包括蜘蛛、食虫螨、青蛙、鸟类及家禽等，它们多为捕食性（少数螨类为寄生性），能取食大量害虫。

二、农业昆虫的重要类别

昆虫的分类地位是动物界节肢动物门昆虫纲，纲以下是目、科、属、种 4 个阶元，再细分可在各阶元下设"亚"级，在目、科之上设"总"级。

种是昆虫分类的基本阶元，并用国际上通用的拉丁文书写，由属名、种名和定名人 3 部分组成。了解和认识昆虫的分类是识别昆虫的基本常识，昆虫纲分 33 个目，其中，与农业生产关系比较密切的有以下各目。

（一）鞘翅目

鞘翅目是昆虫纲中最大的目，通称为"甲虫"，体壁坚硬，口器为咀嚼式口器，多数植食性，少数肉食和粪食性；成虫有假死性，大多数有趋光性。

1. 金龟总科

成虫体型较大，鞘翅坚硬，幼虫称为蛴螬，生活在地下或腐败物中，如华北大黑鳃金龟、铜绿丽金龟是北方重要的地下害虫。

2. 叶甲科

体型多为卵形和半球形，多有金属光泽，故有"金花甲"之称。如黄条跳甲。

3. 瓢甲科

体型小，体背隆起呈半球形，鞘翅常具有红色、黄色、黑色等星斑。多数为肉食性，如捕食蚜虫的七星瓢虫；少数为植食性害虫，如二十八星瓢虫。

（二）鳞翅目

本目是昆虫纲中仅次于鞘翅目的第二大目，包括蛾和蝶两大类，成虫体翅上密布各种颜色的鳞片组成不同的花纹，这是重要的分类特征。全变态，成虫为虹吸式口器，幼虫为咀嚼式口器，大多数为植食性，多为重要的农业害虫，少数如家蚕、柞蚕是益虫。

1. 粉蝶科

如菜粉蝶，幼虫菜青虫。

2. 螟蛾科

如豆荚螟、玉米螟。

3. 夜蛾科

如棉铃虫、斜纹夜蛾、小地老虎。

4. 菜蛾科

如小菜蛾。

（三）同翅目

刺吸式口器，不完全变态，分有翅型和无翅型，长翅型和短翅型等多型现象，全部为植食性。

1. 蚜科

如蚜虫，常有世代交替或转换寄主现象，同种有无翅和有翅两种类型。

2. 粉虱科

如温室白粉虱、烟粉虱。

3. 叶蝉科

如绿叶蝉。

4. 飞虱科

如稻灰飞虱、褐飞虱等。

5. 蚧总科

如吹绵蚧、粉蚧。

（四）直翅目

咀嚼式口器，不完全变态，多为植食性。

1. 蝗科

如东亚飞蝗。

2. 蝼蛄

如华北蝼蛄。

（五）半翅目

通称为蝽，如稻绿蝽。

（六）膜翅目

本目包括各种蜂和蚂蚁。主要的科是赤眼蜂科：能寄生在多种昆虫的卵中，如小赤眼蜂，是当前生产上防治玉米螟的重要天敌昆虫。

（七）双翅目

包括各种蚊、蝇等。

1. 食蚜蝇科

多为捕食性，可捕食蚜虫、介壳虫等害虫。如大灰食蚜蝇。

2. 潜蝇科

如美洲斑潜蝇。

三、农业害螨

螨类不同于昆虫，螨类通称红蜘蛛、锈壁虱。螨类属于节肢动物门、蛛形纲、蜱螨目。螨类体型小，肉眼很难看见。螨类不分头、胸、腹，体型为卵形或椭圆形，口器分为咀嚼式和刺吸式。螨类的繁殖多数为两性卵生，经卵、幼螨、若螨、成螨。螨类多为植食性，也有能捕食其他害螨的螨类，可在生物防治中利用。

（1）叶螨科。通称红蜘蛛，全部为植食性，重要的害螨有棉红蜘蛛（朱砂叶螨）、二斑叶螨、山楂红蜘蛛、苹果叶螨等。

（2）跗线叶螨科。重要的害螨是茶黄螨等。

（3）真足螨科。也称红蜘蛛，重要的害螨是麦圆红蜘蛛等。

（4）瘿螨科。通称锈壁虱，重要的害螨有柑橘锈壁虱、葡萄锈壁虱等。

（5）粉螨科。重要的害螨是粉螨，为仓库害螨。

（6）植绥螨科。主要有智利小植绥螨、盲走螨、纽氏钝绥螨等，均是叶螨类的天敌，用于温室防治多种红蜘蛛。

第二节　农作物病害基础知识

一、植物病害的概念

（一）植物病害的定义

当植物受到不良环境条件的影响或遭受其他生物侵染后，其代谢过程受到干扰和破坏，在生理、组织和形态上发生一系列病理变化，并出现各种不正常状态，造成生长受阻、产量降低、质量变劣甚至植株死亡的现象，称为植物病害。

植物病害都有一定的病理变化过程（即病理程序），而植物的自然衰老凋谢以及由风、雹、虫和动物等对植物所造成的突发性机械损伤及组织死亡，因缺乏病理变化过程，故不能称为病害。

一般来说，植物发病后会不同程度地导致植物产量的减少和品质的降低，给人们带来一定的经济损失。但有些植物在寄生物的感染或在人类控制的环境下，也会产生各种各样的"病态"，如茭白受到黑粉病菌的侵染而形成肥厚脆嫩的茎，弱光下栽培成的韭黄等，其经济价值并未降低，反而有所提高，因此，不能把它们当作病害。

（二）植物病害的类型

植物病害可分为非侵染性病害和侵染性病害两大类。

第一，非侵染性病害是指由非生物因素即不适宜的环境因素引起的病害，又称生理性病害或非传染性病害。其特点是病害不具传染性，在田间分布呈现片状或条状，环境条件改善后可以得到缓解或恢复正常。常见的有营养元素不足所致的缺素症、水分不足或过量引起的旱害和涝害、低温所致的寒害和高温所致的烫伤及日灼症以及化学药剂使用不当和有毒污染物造成的药害和毒害等。

第二，侵染性病害是指由病原生物侵染所引起的病害。其特点是具有传染性，病害发生后不能恢复常态。一般初发时都不均匀，往往有一个分布相对较多的"发病中心"。病害由少到多、由轻到重，逐步蔓延扩展。

非侵染性病害和侵染性病害是两类性质完全不同的病害，但它们之间又是互相联系和互相影响的。非侵染性病害常诱发侵染性病害的发生，如甘薯遭受冻害，生活力下降后，软腐病菌易侵入；反之，侵染性病害也可为非侵染性病害的发生提供有利条件，如小麦在冬前发生锈病后，就将削弱植株的抗寒能力而易受冻害。

二、植物病害的诊断

植物病害种类繁多，发生规律各异，只有对植物病害做出正确诊断，找出病害发生的原因，确定病原的种类，才有可能根据病原特性和发病规律制定切实可行的防治措施。因此，对植物病害的正确诊断是其有效防治的前提。

（一）植物病害诊断的步骤

1. 田间观察与症状诊断

首先在发病现场观察田间病害分布情况，调查了解病害发生与当地气候、地势、土质、施肥、灌溉、喷药等的关系，初步做出病害类别的判断。再仔细观察症状特征做进一步诊断。必须严格区别是虫害、伤害还是病害；是侵染性病害还是非侵染性病害。

有些病害由于受时间和条件的限制，其症状表现不够明显，难以鉴别。必须进行连续观察或经人工保温保湿培养，使其症状充分表现后，再进行诊断。

2. 室内病原鉴定

对于仅用肉眼观察并不能确诊的病害，还要在室内借助一定的仪器设备进行病原鉴定。如用显微镜观察病原物形态。对于某些新的或少见的真菌和细菌性病害，还需进行病原物的分离、培养和人工接种试验，才能确定真正的致病菌。

（二）各类病害诊断的方法

1. 非侵染性病害的诊断

非侵染性病害由不良的环境条件所致。一般在田间表现为较大面积的同时均匀发生，无逐步传染扩散的现象，除少数由高温或药害等引起局部病变（灼伤、枯斑）外，通常发病植株表现为全株性发病。从病株上看不到任何病征。必要时可采用化学诊断法、人工诱发及治疗试验法进行诊断。化学诊断法可通过对病株或病田土壤进行化学分析，测定其成分和含量，再与健株或无病田土壤进行比较，从而了解引起病害的真正原因。常用于缺素症等的诊断。人工诱发及治疗试验是在初诊基础上，用可疑病因处理健康植株，观察是否发生病害。或对病株进行针对性治疗，观察其症状是否减轻或是否恢复正常。

2. 真菌病害的诊断

真菌病害的主要病状是坏死、腐烂和萎蔫，少数为畸形；在发病部位常产生霉状物、粉状物、锈状物、粒状物等病征。可根据病状特点，结合病征的出现，用放大镜观察病部病征类型，确定真菌病害的种类。如果病部表面病征不明显，可将病组织用清水洗净后，经保温、保湿培养，在病部长出菌体后制成临时玻片，用显微镜观察病原物形态。

3. 细菌病害的诊断

细菌所致的植物病害症状，主要有斑点、溃疡、萎蔫、腐烂及畸形等。多数叶斑受叶脉限制呈多角形或近似圆形斑。病斑初期呈半透明水渍状或油渍状，边缘常有褪绿的黄色晕圈。多数细菌病害在发病后期，当气候潮湿时，从病部的气孔、水孔、皮孔及伤口处溢出黏状物，即菌脓，这是细菌病害区别于其他病害的主要特征。腐烂型细菌病害的重要特点是腐烂的组织黏滑且有臭味。

切片检查有无喷菌现象是诊断细菌病害简单而可靠的方法。其具体方法是：切取小块病健部交界的组织，放在玻片上的水滴中，盖上盖玻片，在显微镜下观察，如在切口处有云雾状细菌溢出，说明是细菌性病害。对萎蔫型细菌病害，将病茎横切，可见维管束变褐色，用手挤压，可从维管束流出混浊的黏液，利用这个特点可与真菌性枯萎病区别。也可将病组织洗净后，剪下一小段，在盛有水的瓶里插入病茎或在保湿条件下经一段时间，会有混浊的细菌从切口处溢出。

4. 病毒病害的诊断

植物病毒病病状多表现为花叶、黄化、矮缩、丛枝等，少数为坏死斑点。感病植株，多为全株性发病，少数为局部性发病。在田间，一般心叶首先出现症状，然后扩展至植株的其他部分。此外，随着气温的变化，特别是在高温条件下，病毒病常会发生隐症现象。

病毒病症状有时易与非侵染性病害混淆，诊断时要仔细观察和调查，注意病害在田间的分布，综合分析气候、土壤、栽培管理等与发病的关系，病害扩展与传毒昆虫的关系等。必要时还需采用汁液摩擦接种、嫁接传染或昆虫传毒等接种试验，以证实其传染性，这是诊断病毒病的常用方法。

5. 线虫病害的诊断

线虫多数引起植物地下部发病，病害是缓慢的衰退症状，很少有急性发病。通常表现为植株矮小、叶片黄化、茎叶畸形、叶尖干枯、须根丛生以及形成虫瘿、肿瘤、根结等。

鉴定时，可剖切虫瘿或肿瘤部分，用针挑取线虫制片或用清水浸渍病组织，或做病组织切片镜检。有些植物线虫不产生虫瘿和根结，可通过漏斗分离法或叶片染色法检查。必要时可用虫瘿、病株种子、病田土壤等进行人工接种。

（三）诊断植物病害时应注意的事项

1. 充分认识植物病害症状的复杂性

植物病害的症状虽有一定的特异性和稳定性，但在许多情况下还表现有一定的变异性和复杂性。病害发生在初期和后期症状往往不同。同一种病害，由于植物品种、生长环境和栽培管理等方面的差异，症状表现有很大差异。相反，有时不同的病原物在同一寄主植物上又会表现出相似的症状。若不仔细观察，往往得不到正确的结论。因此，为了防止误诊，强调病原鉴定是十分必要的。

2. 防止病原菌和腐生菌的混淆

植物在生病以后，由于组织、器官的坏死病部往往容易被腐生菌污染，因此，便出现了可同时镜检出多种微生物类群的现象。故诊断时要取新鲜的病组织进行检查，避免造成混淆和误诊。

3. 注意病害与虫害、伤害的区别

病害与虫害、伤害的主要区别在于前者有病变过程，后者则没有。但也有例外，如蚜虫、螨类为害后也能产生类似于病害的为害状，这就需要仔细观察和鉴别才能区分。

4. 防止侵染性病害和非侵染性病害的混淆

侵染性病害和非侵染性病害在自然条件下有时是联合发生的，容易混淆。而侵染性病害的病毒病类与非侵染性病害的症状类似，必须通过调查、鉴定、接种等手段进行综合分析，方可做出正确诊断。

第三节　农田杂草

一、杂草的为害

杂草一般称为莠，在农业生产中，杂草同作物共生，争养分、水分、光线、空间，从而降低农作物的产量和质量。有些杂草是有毒的，会引起人、畜中毒。许多杂草又是农作物病虫害的中间寄主，因而它又会助长农业病虫害的发生。杂草有时还阻碍交通，毁坏建筑物，引起火灾和有碍公共卫生等。

农田杂草造成的农作物减产是惊人的。据粗略统计，世界上每年因杂草为害造成的农作物损失达 200 多亿美元。世界各地的草害平均损失率为 9.7%。

我国农田受杂草为害也是较重的。据统计，全国农作物因杂草造成的经济损失为 10.1%。作物栽培的 1/3 耗费支付在除草上。因而消灭田间杂草，是实现农业现代化的一项重要任务。尤其在人少地多、机械化程度高的地区，搞好除草工作就显得更为重要。

二、杂草的种类

农田杂草一般是指农田中的非栽培植物。农田杂草的种类分布、危害和各地的纬度、经度、海拔、土壤以及各种农业措施有关。全世界杂草约有 5 万种，其中，农田杂草 8 000 余种。在我国农田杂草有 600 余种，其中，严重为害作物生长的杂草有 50 余种。在农牧交错区，农田杂草较多而且为害较重，杂草种类达 260 余种。

按照营养来源和生活方式，可将杂草分为 3 种类型：非寄生性杂草、寄生性杂草和半寄生性杂草。

（1）非寄生性杂草。这类杂草占杂草总数的比例较大，它有独立的生活方式，并具备通过外界环境（二氧化碳、水和无机盐）和光合作用将无机物合成有机物的能力。根据它们的生活延续性可分为 3 种亚类，即一年生、二年生、多年生。

①一年生亚类。繁殖主要靠种子，一年内完成其生活史。一年生杂草又分为 3 种生物类群，即春播性、秋播性和冬播

性。它们当中又有营养生长期长短、发芽迟早的不同。

②二年生亚类。种子繁殖占优势，有些也兼有无性繁殖能力。当年萌发生长营养体，第二年开花、结果，两年内完成其生活史。

③多年生亚类。即生活两年以上的杂草，除种子繁殖外，绝大多数是无性繁殖。这类杂草的地上部分在秋季枯萎，地下部分继续存活，所以它们的繁殖靠地下部分，分别利用根状茎、根轴、块茎、球茎、鳞茎、根蘖、须根、蔓等繁殖。

（2）寄生性杂草。它们没有绿色叶子，不具备光合作用的能力，营养靠寄主植物供给，利用茎（菟丝子）或根（列当）与寄主植物接触，依赖寄主植物而生存。

（3）半寄生性杂草。它们有绿色叶子和具有光合作用能力，但是部分营养（主要的糖、蛋白质、水和其他有机物）必须依靠自己的根和地上部分器官从寄主植物中吸取。用根吸取营养的有大小猪鼻花、田山萝花、沼地马先蒿等。用茎吸取营养的有槲寄生和欧洲桑寄生。

三、杂草的主要生物学特性

（一）杂草的生产和发育

（1）杂草一般比农作物生长快，而且旺盛。吸收水分和养分的能力也比农作物强。

（2）杂草在不同生态条件下，有较高的稳定性和抗逆性。如杂草耐干旱、耐贫瘠及其他不良条件。

（3）同一种杂草的不同个体，其在田间从出苗到成熟的各个生育期往往很不一致，这主要是由于耕作使杂草种子分布在不同深度的土层里造成的，这给防治带来一定困难。

（二）杂草的繁殖

（1）种子繁殖特性。一是种子数量多。在一般情况下，一颗稗草的种子可达1万粒，一株马齿苋可产生20万粒种子。二是种子生活力强。许多杂草种子在土壤中或在水下能保持发芽力达数年之久。如藜和马齿苋埋藏在土壤中达20～40年仍能发芽。在土壤中的小蓟、龙葵的种子，20年后仍能发芽，稗草籽通过牲畜消化道排出后，仍有一部分有发芽能力。有的小粒草籽，混在谷物里，当谷物磨成面粉时草籽仍保持其生活能力。杂草种子尚有有休眠期或无休眠期的区别。

（2）营养繁殖特性。多年生杂草都具有营养繁殖的能力，有相当一部分多年生杂草的地下部分非常发达，再生能力很强。其中有靠根芽繁殖和靠根茎繁殖的，它们靠强大的地下分枝根芽或茎节长成新的杂草，严重影响农作物生长。所以，在进行化学除草时，必须消灭地下部分营养繁殖体，必须选择传导性除草剂。

（3）杂草种子的传播。许多杂草种子和果实传播范围很广，因为许多草籽有其传播的构造，如蒲公英、苦菜等菊科杂草的果实有冠毛。有的杂草种子有种毛，它们可以借风力传播到很远的地方。有的果实外面有薄翅或刺，如苍耳、鬼针草等，它们可附在人体或动物身上被携带到异地。有的果实成熟时，果荚开裂，将种子弹出。还有的有挂钩、卷须等。杂草种子利用这些特殊的构造，就会被传播开来。

第八章　农药使用人员安全防护与预防中毒

我国在农药使用过程中，每年都会发生多起生产性农药中毒事故，即在农药喷洒过程中发生操作人员中毒，非常令人痛心。据不完全统计，全国每年在农药喷洒过程中发生中毒死亡的人数就达数百人。这些事故的发生，固然与农药本身的毒性有关，但更与操作者在喷洒农药过程中不注意自身安全防护有密切关系。由于经济水平的限制，大部分农药用户不太可能购买专用的农药喷洒防护设备（防毒面罩、透气性防护服等）。再加上对安全防护的认识不足，很多使用者在喷洒农药时，徒手配制、赤膊赤脚喷洒农药等现象屡见不鲜，再加上对农药科学使用了解不多，极易造成农药中毒。中央电视台曾报道，福建两个果农在对柑橘树喷洒农药时中毒身亡，归其原因：一是喷洒剧毒农药；二是在中午喷药；三是由于人站在树下往树冠层喷雾，药液滴落在身上；四是没有采取安全防护措施。

第一节　安全防护设备

在发达国家，农药使用是一项专业性很强的工作，均由受过专门培训，且取得合格证书的人员实施。在施药过程中，防毒面具、防护帽（不透水）、护目镜、长筒靴、防护手套、防护服等装备齐全（图8-1）。

FAO推荐的标准防护服，虽然安全性好，但配置太高，目前很难被我国广大农民采用。用户可以购买国产或自行缝制"多用途防护服"（图 8-2），此种防护服可以由塑料薄膜、橡胶材料或布料制成。采用布料时，可在布料上涂硅胶材料制作，可做成整体式，也可做成组合式。注意防护服要宽松肥大，让操作人员穿着舒适。现在，我国生产销售喷杆喷雾机的企业在产品销售推广过程中，开始配备有防护服，这种防护服对于保护喷雾人员的安全有很好的作用。

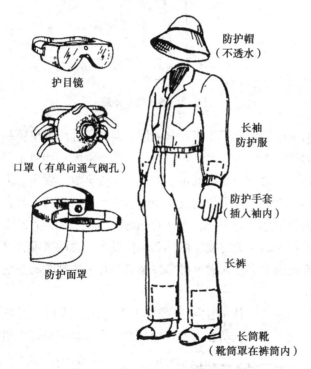

护目镜

口罩（有单向通气阀孔）

防护面罩

防护帽
（不透水）

长袖
防护服

防护手套
（插入袖内）

长裤

长筒靴
（靴筒罩在裤筒内）

图 8-1　施用农药的标准防护装备

对农药的安全性问题的考查，实际上已经包含在农药的研究开发过程之中，并已落实在农药的产品说明书中。在农药的

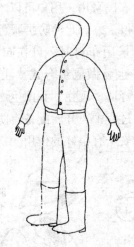

图 8-2　多用途防护服

说明书中已经包含了如何安全使用农药的各种注意事项和意外事故的处置方法。因此，用户所要做的事情就是如何正确地执行农药说明书中的各项规定，以避免意外事故的发生。大量事例证明，农药中毒事故的发生绝大部分是由于施药人员操作不符合操作规程要求所致。其中，取药、配药中发生的比例最大，进行喷洒作业时发生的比例也比较大。总的来说，事故的发生都是由于事先未做好准备以及施药作业中缺少必要的防护措施所致。

农药侵入人体的主要途径有 3 个方面：经口、经皮和经鼻。因此，在安全防护方面也应从这 3 个途径采取阻断措施。

一、经口摄入的防护

这种风险主要来自以下几种情况。一种情况是农药的保管不严。在一家一户的条件下，农户不得不自己保存农药。按照农药安全操作规定，农药必须存放在远离生活空间的地方，并且必须放在有锁的箱、橱内，保证农药与生活用品绝对隔离，尤其是各种食品。如果因为房子空间不够，也必须在人员很少走动的地方设置专用的箱或橱，并且必须加锁。另一种情况是把农药的空包装瓶改作生活用具，也是农村经常发生的事。已经装过农药的容器极难清洗干净，特别是装液态农药的包装瓶。有人做过试验检测，即使采取大量、多种办法用水冲洗瓶中的残剩农药，经过多次清洗也无法做到彻底洗净。如用这种瓶盛装食用物品，对于高毒或剧毒的农药来说，发生中毒的危险性是存在的。因此，用户必须坚决杜绝这种做法。

另外，施药人员工作结束后没有认真清洗在田间施药时的身体裸露部分，特别是手和脸，便立即进餐，也容易发生农药经口侵入的危险。

还有一种情况是在田间进餐或吃食物。在我国一些边远地区农村，人们常有带食物下田作业的习惯。这是发生农药经口侵入人体的重要途径。这种习惯也必须坚决阻止。

二、经皮侵入的防护

在进行施药作业时，农药极易通过皮肤侵入人体。根据人体体躯表面积的统计计算，以及我国农民在田间施药时的活动状态，大约有63%的身体表面有可能接触药剂，其中以双手的接触机会最多，其次是裸露的手臂、腿和脚。在施药作业中，包括取药、配药和田间喷洒作业，手使用得最多。对于体躯的保护只有采取穿戴防护服的办法才能很好地解决。在各种类型的农药制剂中，油剂、乳制剂、微乳剂等含有油质农药成分的各种制剂最容易通过皮肤进入人体。但在施药作业中，各种农药的药雾也可通过鼻腔、眼睛和嘴侵入人体（图8-3）。

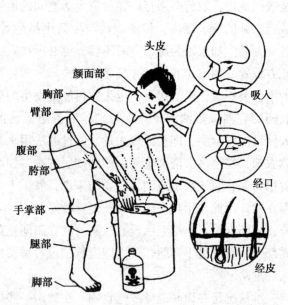

图 8-3 处理高毒和剧毒农药时，农药与身体接触的途径
（屠豫钦）（黑箭头表示农药接触机会最多的部位）

因此，防护服不仅应防护体躯皮肤，而且应同时防护体躯其他部分。联合国粮农组织（FAO）提出的防护服有正规的专用服装，也有因地制宜的简易防护服（图8-4）。

关于防护服，粮农组织提出了以下几点原则性要求：①穿着舒适，但必须能充分保护操作人员的身体；②防护服的最低要求是，在从事任何施药作业时，防护服必须是轻便而能覆盖住身体的任何裸露部分；③施药作业人员不得穿短袖衣和短裤，在进行施药作业时身体不得有任何暴露部分；④不论何种材料的防护服，必须在穿戴舒适的前提下尽可能厚实，以利于有效地阻止农药的穿透，厚实的衣服能吸收较多的药雾而不至于很快进入衣服的内侧，厚实的棉质衣服通气性好，优于塑料

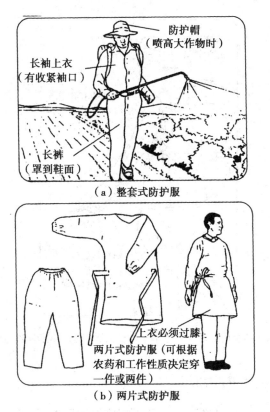

（a）整套式防护服

（b）两片式防护服

图 8-4 联合国粮农组织提出的简易防护服

服；⑤施药作业结束后，必须迅速把防护服清洗干净；⑥防护服要保持完好无损，在进行作业时防护服不得有任何破损；⑦使用背负式手动喷雾器时，应在防护服外再加一个改制的塑料套（用一只装化肥的大塑料袋，袋底中央剪出一口，足以通过头部；袋底的两侧各剪出一口，可穿过两臂），以防止喷雾器渗漏的药水渗入防护服而侵入人体（图 8-5）。

图 8-5 用大塑料袋做的一次性防药液滴漏的防护背心

三、经鼻侵入的防护

主要是通过鼻孔侵入。美国环境保护局根据统计计算出人的平均呼吸量，在完全休息状态下男性为 7.4 升/分钟，轻度劳动时为 29 升/分钟，强烈劳动时为 60 升/分钟。男性比女性强约 1 倍。所以，在田间进行施药作业时处于中等强度劳动状态下，比较容易吸入大量空气。农药的挥发物（包括气化作用较强的农药和农药制剂中的有机溶剂）或雾滴、细粉都比较容易随空气而被吸入。使用具有熏蒸作用的农药以及气雾剂时，必须注意防范。采取飘移喷雾法时，也应注意操作人员必须始终处于上风向位置，以免吸入超细雾滴。粉剂在空气中的飘浮时间比较长，喷粉时也应注意防范。

保护呼吸系统的主要工具是面罩或鼻罩，防粉尘吸入则可使用简单的口罩。

四、防护设备的清洗

常用的防护用品在配药、施药过程中都会沾染一些农药，须清洗消毒。根据大多数农药遇碱分解的特点，防护用品可用碱性物质消毒。例如，手套、口罩、衣服、帽子被有机磷农药污染后，可用肥皂水或草木灰水消毒。草木灰是含碱性物质，常用一份草木灰对水 16 份制成消毒液，待澄清后取上面的清液使用，有一定消毒效果。若污染了农药制剂的原液，可先放入 5% 碱水或肥皂水中浸泡 1~2 小时，再用清水洗净。橡皮或塑料手套、围腰、胶鞋污染了农药制剂原液，可放入 10% 碱水中浸泡 30 分钟，再用清水冲洗干净，晾干备用。

第二节　农药中毒与安全防护

一、农药中毒

在农业生产生活中，我们由于在缺乏防毒科学知识和有效防护措施的状态下使用农药，造成进入人体的农药量超过了正常人的最大耐受量，使肌体正常生理功能出现失调或某些器官受损伤和发生病理改变，表现出一系列中毒临床症状，称为农药中毒。不同种类的农药中毒的症状是不同的。

1. 有机磷杀虫剂中毒症状

有机磷杀虫剂急性中毒初始症状依农药进入人体途径不同有一些差异：通过口腔中毒人员，症状多是恶心、呕吐、腹痛；通过皮肤吸收农药中毒人员，初始症状是烦躁不安、多汗、流涎等；通过鼻、呼吸道中毒人员，初始症状是呼吸困难，视力下降。

2. 氨基甲酸酯类杀虫剂中毒症状

氨基甲酸酯类杀虫剂急性中毒表现症状主要是流涎、流泪、肌肉颤动、瞳孔缩小等。按中毒轻重可将中毒症状分为3种：一般中毒较轻时，症状为头痛、恶心、呕吐、腹痛、食欲下降、瞳孔缩小、出汗、流泪、流涎、震颤；中等中毒症状为肌肉痉挛、步行困难、语言模糊不清；中毒严重者症状为意识昏迷，全身痉挛，血压下降、肺水肿。

3. 拟除虫菊酯类农药中毒症状

常见症状表现为接触农药处皮肤发红，有烧灼感和刺痒感，遇热症状更明显一些，但若洗净皮肤后2小时，上述症状可自行逐渐消失。也有个别患者可能出现红色粟粒样丘疹、水疱、糜烂等，但皮肤感染严重者，有的会出现头痛、头晕、恶心、呕吐、全身无力、心慌、视力模糊等症状；因口服中毒者主要症状为恶心、呕吐、上腹部疼痛、胸闷；严重中毒者会出现呼吸困难，阵发性四肢抽搐或惊厥，同时意识丧失，但每次发作2分钟后，抽搐停止则意识恢复。

4. 除草剂百草枯中毒

近年来，全国各地百草枯中毒事故频发（百草枯水剂已禁用），如大连庄河市明阳镇邓某，于2008年6月初，雇人给田里打了百草枯防治杂草；6月12日下午，邓某光脚到水田里拔已经枯死的杂草，13日凌晨，邓某突然感觉双下肢疼痛难忍，后被送到医院，因诊断错误和抢救不及时，中毒身亡，最后专家会诊结果是百草枯中毒。

百草枯是一种触杀型灭生型除草剂，以前常用制剂是20%水剂（现已禁用水剂剂型的生产、销售及使用，但粉剂未禁用），对单子叶和双子叶植物都可灭除，作用速度快，很受欢迎。需要注意的是，百草枯是一种中等毒除草剂，对人毒性大，因无解毒剂，因此在喷雾使用时要避免身体接触，并且一定要做好安全防护。

在农药施用过程中，安全防护工作的细致与否关系到安全施药的全过程，有句古语放在这里最合适，"常在河边走，哪有不湿鞋"，如果粗心大意，一旦意外中毒，后果将不堪设想，我国每年发生的农药中毒事故，假如采取了有效的防护措施，大部分是可以避免的。由于农田和果园害虫防治正值夏季高温季节，因怕热，很多人不愿穿戴防护衣物，经常穿短袖服装（甚至赤膊上阵）在田间喷洒杀虫剂，特别是果树喷洒杀虫剂时，假如没有安全防护，因在树下向上喷药，从树叶上流淌下来的农药滴落到树下的操作人员身上，极易导致中毒事故。因此，在施用农药的过程中，一定要注意保护自己的人身安全，进行农药防护。不能因怕热、怕麻烦，就不采取安全防护措施。

二、农药使用过程中造成中毒的原因分析

农药施用过程中，农药中毒的原因有很多，疏忽任何一个环节，都可能造成农药的中毒事故，任何时候，任何条件下，都不能掉以轻心。

1. 施药人员选择不当

农药施用操作者的身体状况与农药中毒之间有着一定的关系，相对而言，身体健康的青壮年只要认真操作，农药中毒的概率是较低的，而儿童、少年、老年人、三期妇女（月经期、孕期、哺乳期）、体弱多病、患皮肤病、皮肤有破损、精神不

正常、对农药过敏或中毒后尚未完全恢复健康者不适合施用农药。

2. 不注意个人防护

个人防护是关系到安全施药能否顺利进行的关键，在你周围，你是否见过戴防毒口罩喷药的老乡？你是否见过赤足露背喷药的老乡？你是否见过不穿长袖衣、长裤，只穿短裤打药的农民？像这种在配药、拌种、拌毒土时不戴橡皮手套和防毒口罩，施药时不穿长袖衣、长裤和鞋，赤足露背喷药，甚至直接用手播撒经高毒农药拌种的种子，这些不注意个人防护的事情是不对的，是会导致严重后果的。

3. 配药不小心

配药时药液污染皮肤，又没有及时清洗，这也是值得注意的地方，或者药液溅入眼内，人在下风向配药，吸入农药过多。有的人不小心，直接用手拌种、拌毒土，这是很危险的。

4. 喷药方法不正确

很多情况下，喷药是在有风的条件下进行的，很多田地的长度又比较长，很多农民朋友为了省事，从上风向喷药后，直接从下风向喷药，这种施药方式很容易导致吸入太多的农药，进而引起农药中毒。在有的情况下，尤其是在大面积棉田里，几架药械同时喷药，很难做到按梯形前进下风侧先行，引起粉尘、雾滴污染，处于下风向的施药人员若不注意保护自己，很容易受到伤害。

5. 喷雾器故障处理不当

大家在施药的过程中，会碰到各种各样的故障，最为常见的是喷头堵塞。很多农民朋友直接徒手修理，甚至用嘴吹，这种做法是极易引起农药中毒的，也是农民朋友最不注意的地方。在这种情况下，农药极易随皮肤和口腔进入体内。有的喷雾器有漏水的故障，喷一次药，全身和洗一次澡似的，这也是很容易经过皮肤引起中毒的。

6. 施药时间过长

在农村，青壮年一般外出务工，家里地多人少，很多农民朋友在喷农药上也是吃苦耐劳，不喷完不回家。在农药安全的角度来讲，这是很不安全的。施药时间过长，会造成人体疲劳，抵抗力下降，经呼吸和皮肤一次性进入人体的农药量过多，易造成人体中毒。

7. 施药时有不良习惯

田间喷雾作业是一个体力活，耗费体力大，有的农民朋友，在施药过程中会感觉饿、渴，不等施药结束，便吃东西、喝水；有的农民朋友虽然可以控制在施药时不随便吃喝东西，但施药完毕后未清洗干净，便吃喝东西，这两者都是很危险的，农药会随着食物进入人体引起中毒。对于男性来讲，施药休息时喜欢吸烟，这也是一个易引起中毒的因素，因为经呼吸途径进入人体的农药增多，吸烟的施药人员要引起注意。

第九章　农药经营人员基本技能

第一节　设店选址及前期准备

农药的特殊性，决定了农药经营是一项对专业技术要求较高的商品经营行为。农药经营场所位置选择、经营设备设施配置以及经营制度建立等是影响农药经营活动的主要因素。根据农药的商品特点以及相关法律法规要求，开展农药经营活动应当做好以下前期准备。

一、农药经营场所位置选择

农药作为一类特殊的商品应用于农业生产，主要销售对象是农民。农药经营门店的选址应遵循以下原则。

（1）本着方便购买的原则，选择在农作物集中种植区内或农村集贸市场等附近。由于各个乡镇的农业发展水平、交通条件、商业氛围等方面还有比较明显的差别，在吸引农民购买的能力上强弱不同。农药经营门店应该尽量选址在人气比较旺盛的乡镇，镇上活跃的商业交易、便利的交通等会给农药销售提供更多的机会。

（2）综合分析周边农药经营情况。农药经营门店应设在乡镇交通比较方便、有一定农资经营规模的街道上，并综合考虑周边农药经营店的数量、销售状况、经营时间、年销售额、客户数量、周边农作物种植结构等因素。大多数的农资零售店都会集中在一个街道上，单门独户成不了"市"，自然难以成为农民购买农资的首选。开店前先要进行市场考察，分析这个乡镇可以覆盖的村庄有多大的市场容量、目前镇上的零售点做了多大的市场，估算剩余市场份额是否值得开店。同时，要注意在经营方式、品种、品牌等方面与相邻经营店有所区别，避免引发恶性竞争，导致两败俱伤。

（3）保障经营场所周边的安全。部分农药具有易燃、易爆、易挥发等特点，在设店选址时，应当选择远离住宅区、医院、商业购物区、食品制造和人口稠密的地方；远离经常出现明火的区域，以避免造成人畜中毒或者发生火灾、爆炸等危害公共安全的事故。很多农药对鱼等水生生物、家蚕、蜜蜂等存在安全风险，选址时还应注意远离河流、湖泊、蚕室、养蜂区、水产养殖区，以免造成环境污染和生态失调，给养殖业造成意外损失。

二、合理配置农药经营设备设施

农药经营单位应当具有经营场所和设备设施条件。

（1）应具有与其经营规模相适应、独立固定、交通便利的经营门市。

（2）应具有与其经营规模相适应的库房。

（3）农药门面和仓库要求具有通风散热设备和装卸工具，有安全的电气照明设施，库房顶部装有避雷针。

（4）农药产品展示架（柜）要选用钢架、石材、玻璃等惰性材质，不能用有机合成树脂、木材等易燃材料。

（5）农药经营必备设施还包括消防器材（包括灭火器、水桶、锹、叉、沙袋等）、安全防护工具（胶皮手套、围裙、橡皮靴子、眼镜眼罩、防毒防尘呼吸器等)、急救药箱（内装解毒药、高锰酸钾、脱脂棉、红汞水、碘酒、双氧水、绷带等物）等。

（6）农药经营门店和仓库应有方便取用的水源。

三、建立完善的农药经营管理制度

农药经营单位至少应建立如下制度。

（1）经营人员管理制度。

（2）经营台账管理制度。

（3）农药安全管理制度。

（4）诚信经营制度。

（5）进货检查验收制度。

（6）产品销售可追溯制度。

（7）意外事件应急预案。

（8）农药质量纠纷处理制度。

四、申请营业执照和相关经营许可证

申请农药经营者，应当具备《农药管理条例》第十八条第一款所规定的经营主体资格。开展农药经营之前，必须先向当地工商行政管理机关申请领取营业执照，取得农药经营资格。对于海南等实行农药经营许可的省份，还应当按照规定取得农药经营许可证。对于已经实行高毒农药定点经营的省份，如天津、山东等地区，经营高毒农药者必须向当地有关部门申请高毒农药经营许可证。

如果经营的农药属于危险化学品的，应当同时向安全生产监督管理部门申请办理危险化学品经营许可证。涉及危险化学品农药运输的，还要向交通管理部门申请办理危险品运输专用

标识。

第二节　货源组织技术

俗话说"采购好商品等于卖出一半""只有错买，没有错卖"。创业者如果想采购到适销对路、品质优良的商品，采购过程中就应遵循一定原则。

一、以需定进

以需定进是指根据目标市场的商品需求状况来决定商品的购进。对零售企业来说，买与卖的关系绝对不是买进什么商品就可以卖出什么商品，而是市场需要什么商品，什么商品容易卖出去，才买进何种商品。所以"以需定进"的原则又称之为"以销定进"，也就是卖什么就进什么，卖多少就进多少，完全由销售情况来决定。

以需定进原则可以解决进货与销售两个环节之间的关系，又能促进生产厂家按需生产，避免了盲目性。

坚持以需定进原则时，还要对不同商品采取不同采购策略，如：

（1）对销售量一直比较稳定，受外界环境因素干扰较小的日用品，可以以销定进，销多少买多少，销什么买什么。

（2）对季节性商品要先进行预测，再决定采购数额，以防止过季而造成积压滞销。

（3）对新上市商品需要进行市场需求调查，然后决定进货量。销售时，农药店可采取适当广告宣传引导和刺激顾客消费。

二、以进促销

以进促销是指店主在采购商品时，广开进货门路，扩大进货渠道，购进新商品、新品种，以商品来促进、拉动顾客消费。

以进促销原则要求零售企业必须事先做好市场需求调查工作，在此基础上决定进货品种和数量。

一般来说，对那些处于新开发的，还只是处于试销阶段的商品，要少进试销，只有证明被顾客认可和接受以后，才批量进货。

三、勤进快销

勤进快销是指店主在进货时坚持小批量、多品种、短周期的原则，这是由店铺的性质和经济效益决定的。因为小本经营的店铺规模有一定限制，周转资金也有限，且商品储存条件较差，为了扩大经营品种，就要压缩每种商品的进货量，尽量增加品种数，以勤进促快销，以快销促勤进。

勤进快销的原则还可以使店铺的周转资金加快流转，加强了资金的利用率，因此这一原则又是提高店铺效益的有效手段之一。

四、储存保销

储存保销是指店铺内要保持一定的商品库存量，以保证商品的及时供给，防止脱销而影响正常经营。

储存保销要求店主随时调查商品经营和库存比例，通过销售量来决定相应合理的库存量，充分发挥库存保销的作用。

五、以德进货

店铺面对的是顾客，以向顾客销售商品来获取利润，因此必须坚持文明经商、诚信待客的原则。这一原则与商品采购相联系，便是进货时要保证质量，杜绝假冒伪劣商品。

许多店主在进货时都坚持"五不进一退货"原则，以保证消费者和自身利益。"五不进一退货"具体是：

（1）不是名优商品不进。

（2）假冒伪劣商品不进。

（3）无厂名、无厂址、无保质期的"三无"商品不进。

（4）无生产许可证、无产品合格证、无产品检验证的"三无"商品不进。

（5）商品流向不对的不进。

（6）购进商品与样货不符合的坚决退货。

六、信守合同

店主在进货时，要以经济合同的形式与供货商之间确定买卖关系，保证买卖双方的利益不受损害，并使店铺的经营能够正常进行。

因此，在制定采购合同时，必须保证其有效性和合法性，使采购合同真正成为店铺正常运转的保护伞。

第三节　农药销售技巧

农药主要应用于农业生产，面对农民进行销售。农药销售技巧可以简单地概括为"产品+技术+宣传+服务"。做好这四个方面，就能取得好的效益。

一、搜集了解农药新政策及信息

（1）了解国家有关农药管理新政策和新动向，并及时调整经营方式。比如近年来国家在农药经营管理方面出现了一些新趋势和新动向，农药经营者要顺应并及时跟进，调整经营思路。

（2）收集农业信息。及时了解掌握当地病虫害的发生发展及流行趋势，了解农药最新发展动态，结合销售区域的农作物种植结构特点，对经营的农药种类和数量做好年度或季度规划，做到有针对性进货，避免盲目进货和产品积压。农药经销商应关注中国农药信息网或订阅相关农药杂志，及时了解各地相关农药管理情况，要充分利用互联网络的资源优势，密切关注相关农药信息报导，搜集了解农药药害等案件。尤其应关注国家对农药产品质量监督抽查结果情况，对于抽查存在问题的生产企业和产品，农药经销商应从信誉和长远利益角度出发，引进并销售大品牌、质量信誉有保障、高效优质的产品。

（3）注意消费者信息反馈。农药经销商不能仅仅局限于卖药，还要密切关注和收集消费者对农药使用效果、安全性等信息的反馈情况，详细记录使用中存在的问题，如防效的好坏、是否对农作物产生药害、是否有人畜中毒现象、对天敌等有益生物影响如何，农药残留、环境污染是否严重等，若发现问题要及时配合相关部门调查，及时向当地农药监管、植保部门以及农药生产企业反应，以便及时采取补救措施，在下一年度的农药经营中提高警惕，避免类似情形发生。

二、开展门店宣传促销等活动

做好宣传促销活动，是农药经营成败的另一个关键因素。

（一）门店宣传拢人气

实力雄厚的大型农药经营店可以利用媒体广告、条幅、墙体等户外广告，或者参与其他公益或赞助活动等，提高知名度，扩大宣传范围。小型的农药经营店可以采用张贴广告宣传画等形式在店面内外进行宣传。广告等宣传形式应随着农时季节更替，并经常除旧换新。

（二）促销活动送实惠

充分利用生产厂家或代理商提供的宣传产品，采用一些贴近当地农民需求的买赠形式与内容，聚拢人气。促销活动事前要宣传到位，时间可选在农村集市等，并充分借助厂家资源，加大宣传力度。赠品要与农时及病虫害发生情况相对应，这样才能赢得推广效益。同时，还要注意做好促销活动意见收集，为下次活动做好准备。

（三）示范推广见实效

农药的药效和安全性，往往与农作物品种、使用时间、使用技术、施药方法、天气、土壤等因素密切相关。因此，对于农药新品种应先小面积试验示范，再逐步扩大范围宣传推广，确保农药使用技术、防治效果、作物药害影响等状况心中有数。

对于合作成熟的农药产品，要充分利用厂家样品，利用示范户和种植大户的带动作用开展试用推广，使消费者见到成效，扩大产品影响力。

三、做好经销与服务的有效衔接

（1）发布病虫害预防预测信息。结合区域特点，针对示范户和种植大户，开展相应的病虫害预防预测信息服务。如在店内明示当地天气预报走势，主要农作物病虫害发生情况预测、用药注意事项等信息。一些大型的农药经销商与当地农作物种植大户建立了良好的服务关系，通过手机短信和不定期走访相结合的方式推进销售服务。

（2）提供专家咨询服务。近年来的实践证明，凡是农药店里有植保或农技专家坐店从事农药经营活动的，往往比不懂农药或单纯卖农药的效益要好得多。有条件的农药经营单位很有必要聘请实践经验丰富的植保或农业专家坐店，为消费者提供咨询服务，解答消费者提出的问题，帮助消费者正确识别假劣农药和常见病虫害，提供经济有效的防治方法。

（3）做好售后服务。重视售后服务，一旦接到质量投诉或发生药害等安全事故时，在确认是产品质量问题的情况下，一方面先行赔付消费者损失，及时帮助消费者采取必要的补救措施，使消费者的损失降到最低；另一方面，收集相关证据，要求生产企业派人查看现场，追讨赔偿，必要时通过法律维护消费者和自身的权利。如果对事故处理得当，会在很大程度上提升经营者的知名度和信誉度，赢得消费者信任。

（4）创新服务方式。经销商的职责不仅限于把农药卖出去，如何使卖出的农药发挥最大的效益，已成为当前一个鲜明的课题。目前，一些地方的大型农药经销商成立了专门的技术服务团队，开始探索新的经营模式，以提高农药的附加价值，比如承包病虫害防治及施药服务等。

第四节　正确处理顾客的抱怨

一、认真听取客户的"抱怨声"

客户所发的"抱怨"在某种程度即客户当前的心声，客户经理对待客户的"抱怨"要认真听取、仔细聆听。在客户发"牢骚"时客户经理最好不要打断他们的话语，而应站在旁边耐心地当好一名听众，边听边做好书面记录。等客户

"牢骚"完了，客户经理不能简单说几句，敷衍一下算了，而应针对客户发的不同"抱怨"，做好正面的宣传解释、引导经营工作，消除客户的误解和埋怨，以提高客户的信任度、忠诚度。另外，从"抱怨"中也可以发现自己在某些方面的不足，日后改进。

二、仔细分析客户抱怨的原因，寻求解决途径

对客户的抱怨要认真解剖：他们为什么会发"牢骚"？抱怨的原因是什么？是在经营中遇到了什么困难，或是对公司政策的误解，还是有意见或建议要向公司反映等。将"抱怨"细细地解剖之后，要针对不同的"抱怨"对症下药，找出根源之所在，为客户寻求解决途径。

三、多与客户交流

顾客的抱怨解决后，我们还要定期的回访，了解客户对"抱怨"的解决方法是否满意，有无新的需求、帮助，自己在哪些方面还需改进等。在走访市场的过程中，我们应多与顾客进行交流，聆听客户心声，从交流中分析顾客动态。

第五节　客户异议处理与达成协议的技巧

客户异议是指在销售过程中客户对你的不赞同、提出质疑或拒绝。如你要去拜访客户，客户说没时间；你询问客户需求时，客户隐藏了真正的动机；你向他解说产品时，他带着不以为然的表情……这些都称为异议。

一、客户异议的种类

(一) 真实的异议

客户表达目前没有需要或对你的产品不满意或对你的产品抱有偏见，例如：从朋友处听到你的产品质量有问题。面对真实的异议，你必须视状况采取立刻处理或延后处理的策略。

(二) 虚假的异议

虚假的异议指客户用借口、敷衍的方式应付销售人员，目的是不想诚意地和销售人员会谈，不想真心介入销售的活动；或异议并不是他们真正有意所在。

(三) 隐藏的异议

隐藏的异议指客户并不把真正的异议提出，而是提出各种真的异议或假的异议；目的是要借此假象达成隐藏异议解决的有利环境，例如客户希望降价，但却提出其他如品质、外观、颜色等异议，以降低产品的价值，而达成降价的目的。

二、处理异议的原则

(一) 事前做好准备

"不打无准备之仗"，是销售人员战胜客户异议应遵循的一个基本原则。销售人员在走出公司大门之前就要将客户可能会提出的各种拒绝列出来，然后考虑一个完善的答复。面对客户的拒绝事前有准备就可以胸中有数，以从容应付。

(二) 选择恰当的时机

美国通过对几千名销售人员的研究，发现好的销售人员所遇到的客户严重反对的机会只是差的销售人员的 1/10。这是因为，优秀的销售人员对客户提出的异议不仅能给予一个比较圆满的答复，而且能选择恰当的时机进行答复。懂得在何时回答客户异议的销售人员会取得更大的成绩。

（三）争辩是销售的第一大忌

不管客户如何批评我们，销售人员永远不要与客户争辩，因为，争辩不是说服客户的好方法，与客户争辩，失败的永远是销售人员。一句销售行话是："占争论的便宜越多，吃销售的亏越大。"

（四）销售人员要给客户留"面子"

销售人员要尊重客户的意见。客户的意见无论是对是错、是深刻还是幼稚，销售人员都不能表现出轻视的样子，如不耐烦、轻蔑、走神、东张西望、绷着脸、耷拉着头等。销售人员要双眼正视客户，面部略带微笑，表现出全神贯注的样子。并且，销售人员不能语气生硬地对客户说："你错了""连这你也不懂"；也不能显得比客户知道得更多："让我给你解释一下……""你没搞懂我说的意思，我是说……"这些说法明显地抬高了自己，贬低了客户，会挫伤客户的自尊心。

三、客户异议处理技巧

（一）忽视法

所谓"忽视法"，顾名思义，就是当客户提出一些反对意见，并不是真的想要获得解决或讨论时，这些意见和眼前的交易扯不上直接的关系，你只要面带笑容地同意他就好了。

（二）补偿法

当客户提出的异议，有事实依据时，你应该承认并欣然接受，强力否认事实是不明智的举动。但记得，你要给客户一些补偿，让他取得心理的平衡，也就是让他产生两种感觉：一是产品的价格与售价一致的感觉；二是产品的优点对客户是重要的，产品没有的优点对客户而言是较不重要的。如客户提出某小麦品种不耐白粉病，你可承认品种这一缺陷，并让客户认识到该小麦品种的品质和价格在市场中具有优势，而白粉病在生产中通过施药很容易防治。

（三）太极法

太极法用在销售上的基本做法是当客户提出某些不购买的异议时，销售人员能立刻回复说："这正是我认为你要购买的理由！"也就是销售人员能立即将客户的反对意见，直接转换成为什么他必须购买的理由。

我们在日常生活上也经常碰到类似太极法的说辞。例如主管劝酒时，你说不会喝，主管立刻回答说："就是因为不会喝，才要多喝多练习。"

太极法能处理的异议多半是客户通常并不十分坚持的异议，特别是客户的一些借口，太极法最大的目的，是让销售人员能借处理异议而迅速地陈述他能带给客户的利益，以引起客户的注意。

（四）询问法

销售人员在没有确认客户反对意见重点及程度前，直接回答客户的反对意见，往往可能会引出更多的异议，让销售人员自困愁城。而透过询问，能够把握住客户真正的异议点，从而从容化解客户的异议。

（五）"是的……如果"法

屡次正面反驳客户，会让客户恼羞成怒，就算你说得都对，也没有恶意，还是会引起客户的反感，因此，销售人员最好不要开门见山地直接提出反对的意见。在表达不同意见时，尽量利用"是的……如果"的句法，软化不同意见的口语。用"是的"同意客户部分的意见，用"如果"表达在另外一种状况是否这样比较好。

请比较下面的两段对话，是否感觉有天壤之别。

A："你根本没了解我的意见，因为状况是这样的……"

B："平心而论，在一般的状况下，你说的都非常正确，如果状况变成这样，你看我们是不是应该……"

A："你的想法不正确，因为……"

B："你有这样的想法，一点也没错，当我第一次听到时，我的想法和你完全一样，可是如果我们做进一步的了解后……"

养成用 B 的方式表达你不同的意见，你将受益无穷。

（六）直接反驳法

在"是的……如果"法的说明中，我们已强调不要直接反驳客户。直接反驳客户容易陷于与客户争辩而不自觉，往往事后懊恼，但已很难挽回。但有些情况你必须直接反驳以纠正客户不正确的观点。如客户对企业的服务、诚信有所怀疑时；客户引用的资料不正确时。出现上面两种状况时，你必须直接反驳，因为客户若对你企业的服务、诚信有所怀疑，你拿到订单的机会几乎可以说是零。反而，如果客户引用的资料不正确，你能以正确的资料佐证你的说法，客户会很容易接受，反而对你更信任。

使用直接反驳技巧时，在遣词用语方面要特别的留意，态度要诚恳、对事不对人，切勿伤害了客户的自尊心，要让客户感受到你的专业与敬业。

第十章 农药经营发展趋势

第一节 农药经营现状

1997 年，我国颁布实施了《农药管理条例》，农药生产和经营管理步入了法治化轨道。但是，随着我国市场经济体制的建立和发展，以及政府机构和职能的改革，以供销合作社为经营主体的农业生产资料经营者逐步弱化，大量个体经营者和民营企业参与农药经营，并成为农药经营的生力军。据不完全统计，全国现有农药经营者 34 万多个，大部分实际为个体经营者，其经营规模相对较小而且很分散，整体经营水平偏低。

第二节 农药经营发展趋势

农药生产、经营者正在寻求和探索适合自己发展的经营模式，以提高企业的生存能力和市场竞争能力。以下是几种发展模式：

一、发展农药连锁经营，打造经营品牌

农药连锁经营可将企业的技术、管理和服务优势传递给整个连锁体系全体成员，是全面、快速提升农药经营和服务水平的有效途径，也是经营者与农民群体建立稳定深入合作关系及

长久互信关系的良好模式。农药连锁经营，连接的是经营门店，实质是现代经营企业管理。

（一）主要优点

农药连锁经营既是净化农药市场的有效办法，也是推进农药销售服务和技术服务相结合的有效途径，同时还易形成规模经营效应，降低成本。

（1）采购成本低。农药连锁经营企业可充分发挥连锁经营的规模优势，实行集中采购，降低成本。

（2）易于企业创品牌。农药连锁经营企业通过满足消费者的需求，建立良好信誉，逐步在较大范围内建立知名度、美誉度和顾客忠诚度俱佳的零售品牌。

（3）易于企业快速发展。连锁经营企业经营点多，具备快捷灵活的配送系统，易于实现规模化经营，通过品牌优势和规模优势获取企业的快速发展。

（二）主要运行模式

（1）直营店。由连锁经营企业直接建店，实行"五统一"管理，即统一店面、统一采购、统一技术服务、统一销售、统一管理。直营店也有合资控股、全资开店两种形式。该种模式管理成本较大，盈利不一定高。

（2）加盟店。连锁经营店与其他农药经营店合作，签订协议，允许其他农药经营店加盟，使用其标志等。该种模式投入小，但易出现加盟店表现"表里不一"，管理难度大。

二、农药经营参与专业化防治，提高综合服务能力

我国的农业生产经营方式以家庭承包为主，规模小、效益低，由于农村大量青壮年劳动力转移就业，农业劳动力素质呈结构性下降，一家一户防病治虫难的矛盾日益突出。近年来新兴的专业化统防统治将病虫防控技术与组织形式两者有机结合解决了上述难题。一些农药经营企业根据农药使用需求，发挥农药经营者的优势，将农药经营与专业化统防统治有机结合，即成立企业型专业化服务组织。

企业型专业化服务组织是以农药生产或经营企业为主体，成立股份公司，把专业化防治服务作为公司的核心业务，包括技术指导、药剂配送、施药服务、机手培训与管理、防效检查等。通过农药经营与专业化防治结合，可以实现"统购、统供、统配、统施"的"四统一"模式，从而实现了"三个减少"（减少农药使用量、减少生产成本、减少面源污染）、"三个提高"（提高防治效率、提高防治效果、提高防治效益）和"三个安全"（农业生产安全、农产品质量安全、生态环境安全）的目标，今后的发展空间和发展潜力非常大。

三、实施"技物"结合，开展特色经营

部分经营者针对当地主要农作物或全国的某个特定的农作物开展专业化经营，提供某种农作物农业生产的全部农业投入品及其使用技术，并指导农民使用。

该种模式具有以下优点。

（1）技术性和指导性强。主要针对某个农作物生产不同生长时期的要求，提供全方位的技术和服务，特别适合我国农业生产的实际情况，帮助农民解决实际问题，满足其需求。

（2）利润率高。因其将产品与技术捆绑销售，与其他经营者比具有明显竞争优势，一般情况下，其利润率较高。

（3）业务范围广。不限于农药的销售，包含了所有农业投入品，有的可能还包括农业生产设施。

该种经营模式也面临一些问题，主要体现在：

（1）不易规模化经营。主要针对特定经济作物，覆盖面较小，经营量有限。

（2）技术人员要求高。要求熟悉该种农作物生产所有环节和产品的技术。

（3）未建立健全化解纠纷和不可控因素的机制。因农业生产自然灾害风险不可控，该种模式存在较大风险，特别是在承担防治面积较大时，风险将进一步增加。另外，农药使用防治效果和产量难裁定，防治成本具有不确定性，如果经营者处理不当，易与农民产生纠纷。

这些问题需要通过进一步健全管理制度，加大政策扶持，强化服务指导等措施逐步解决。例如，实施农业自然灾害保险补贴，制定纠纷协调或仲裁管理办法，政府部门制定规范的合同文本，以合同形式规范不可控因素的解决办法，开展针对性的培训等。

四、生产企业搞直销，减少流通环节

农药生产企业直销是农药生产厂家直接与使用者对接，取消了批发商与经销商的中间环节，将技术与服务一次到位，让使用者能及时准确地理解新产品的功能并加以应用。这种产品从生产企业出厂直接延伸到终端的方式，具有以下优点：

（1）减少流通环节，降低了使用者的投资成本。

（2）提高产品和服务的针对性。企业可以通过自己的营销网络，直接地了解基层客户的实际需求，按客户的需求生产产品。

（3）促进企业创品牌，保护农民利益。这种销售模式，最大程度地避免了其他企业对本企业的仿造产品的出现，促进

企业保障自身产品的质量，杜绝了假冒伪劣产品对使用者利益的损害。

目前，一些大的农药生产企业已经开始建立起比较成熟有效的自销渠道。

附录 1 农药管理条例

（自 2017 年 6 月 1 日起施行）

中华人民共和国国务院令

第 677 号

《农药管理条例》已经 2017 年 2 月 8 日国务院第 164 次常务会议修订通过，现将修订后的《农药管理条例》公布，自 2017 年 6 月 1 日起施行。

总理 李克强

2017 年 3 月 16 日

农 药 管 理 条 例

（1997 年 5 月 8 日中华人民共和国国务院令第 216 号发布 根据 2001 年 11 月 29 日《国务院关于修改〈农药管理条例〉的决定》修订 2017 年 2 月 8 日国务院第 164 次常务会议修订通过）

第一章 总　　则

第一条　为了加强农药管理，保证农药质量，保障农产品质量安全和人畜安全，保护农业、林业生产和生态环境，制定本条例。

第二条　本条例所称农药，是指用于预防、控制危害农业、林业的病、虫、草、鼠和其他有害生物以及有目的地调节植物、昆虫生长的化学合成或者来源于生物、其他天然物质的一种物质或者几种物质的混合物及其制剂。

前款规定的农药包括用于不同目的、场所的下列各类：

（一）预防、控制危害农业、林业的病、虫（包括昆虫、蜱、螨）、草、鼠、软体动物和其他有害生物；

（二）预防、控制仓储以及加工场所的病、虫、鼠和其他有害生物；

（三）调节植物、昆虫生长；

（四）农业、林业产品防腐或者保鲜；

（五）预防、控制蚊、蝇、蜚蠊、鼠和其他有害生物；

（六）预防、控制危害河流堤坝、铁路、码头、机场、建筑物和其他场所的有害生物。

第三条　国务院农业主管部门负责全国的农药监督管理工作。

县级以上地方人民政府农业主管部门负责本行政区域的农药监督管理工作。

县级以上人民政府其他有关部门在各自职责范围内负责有关的农药监督管理工作。

第四条　县级以上地方人民政府应当加强对农药监督管理工作的组织领导，将农药监督管理经费列入本级政府预算，保障农药监督管理工作的开展。

第五条　农药生产企业、农药经营者应当对其生产、经营的农药的安全性、有效性负责，自觉接受政府监管和社会监督。

农药生产企业、农药经营者应当加强行业自律，规范生产、经营行为。

第六条　国家鼓励和支持研制、生产、使用安全、高效、经济的农药，推进农药专业化使用，促进农药产业升级。

对在农药研制、推广和监督管理等工作中作出突出贡献的单位和个人，按照国家有关规定予以表彰或者奖励。

第二章　农药登记

第七条　国家实行农药登记制度。农药生产企业、向中国出口农药的企业应当依照本条例的规定申请农药登记，新农药研制者可以依照本条例的规定申请农药登记。

国务院农业主管部门所属的负责农药检定工作的机构负责农药登记具体工作。省、自治区、直辖市人民政府农业主管部门所属的负责农药检定工作的机构协助做好本行政区域的农药登记具体工作。

第八条　国务院农业主管部门组织成立农药登记评审委员会，负责农药登记评审。

农药登记评审委员会由下列人员组成：

（一）国务院农业、林业、卫生、环境保护、粮食、工业行业管理、安全生产监督管理等有关部门和供销合作总社等单位推荐的农药产品化学、药效、毒理、残留、环境、质量标准和检测等方面的专家；

（二）国家食品安全风险评估专家委员会的有关专家；

（三）国务院农业、林业、卫生、环境保护、粮食、工业行业管理、安全生产监督管理等有关部门和供销合作总社等单位的代表。

农药登记评审规则由国务院农业主管部门制定。

第九条　申请农药登记的，应当进行登记试验。

农药的登记试验应当报所在地省、自治区、直辖市人民政府农业主管部门备案。

新农药的登记试验应当向国务院农业主管部门提出申请。国务院农业主管部门应当自受理申请之日起 40 个工作日内对试验的安全风险及其防范措施进行审查，符合条件的，准予登记试验；不符合条件的，书面通知申请人并说明理由。

第十条 登记试验应当由国务院农业主管部门认定的登记试验单位按照国务院农业主管部门的规定进行。

与已取得中国农药登记的农药组成成分、使用范围和使用方法相同的农药，免予残留、环境试验，但已取得中国农药登记的农药依照本条例第十五条的规定在登记资料保护期内的，应当经农药登记证持有人授权同意。

登记试验单位应当对登记试验报告的真实性负责。

第十一条 登记试验结束后，申请人应当向所在地省、自治区、直辖市人民政府农业主管部门提出农药登记申请，并提交登记试验报告、标签样张和农药产品质量标准及其检验方法等申请资料；申请新农药登记的，还应当提供农药标准品。

省、自治区、直辖市人民政府农业主管部门应当自受理申请之日起 20 个工作日内提出初审意见，并报送国务院农业主管部门。

向中国出口农药的企业申请农药登记的，应当持本条第一款规定的资料、农药标准品以及在有关国家（地区）登记、使用的证明材料，向国务院农业主管部门提出申请。

第十二条 国务院农业主管部门受理申请或者收到省、自治区、直辖市人民政府农业主管部门报送的申请资料后，应当组织审查和登记评审，并自收到评审意见之日起 20 个工作日内作出审批决定，符合条件的，核发农药登记证；不符合条件的，书面通知申请人并说明理由。

第十三条　农药登记证应当载明农药名称、剂型、有效成分及其含量、毒性、使用范围、使用方法和剂量、登记证持有人、登记证号以及有效期等事项。

农药登记证有效期为5年。有效期届满，需要继续生产农药或者向中国出口农药的，农药登记证持有人应当在有效期届满90日前向国务院农业主管部门申请延续。

农药登记证载明事项发生变化的，农药登记证持有人应当按照国务院农业主管部门的规定申请变更农药登记证。

国务院农业主管部门应当及时公告农药登记证核发、延续、变更情况以及有关的农药产品质量标准号、残留限量规定、检验方法、经核准的标签等信息。

第十四条　新农药研制者可以转让其已取得登记的新农药的登记资料；农药生产企业可以向具有相应生产能力的农药生产企业转让其已取得登记的农药的登记资料。

第十五条　国家对取得首次登记的、含有新化合物的农药的申请人提交的其自己所取得且未披露的试验数据和其他数据实施保护。

自登记之日起6年内，对其他申请人未经已取得登记的申请人同意，使用前款规定的数据申请农药登记的，登记机关不予登记；但是，其他申请人提交其自己所取得的数据的除外。

除下列情况外，登记机关不得披露本条第一款规定的数据：

（一）公共利益需要；

（二）已采取措施确保该类信息不会被不正当地进行商业使用。

第三章　农药生产

第十六条　农药生产应当符合国家产业政策。国家鼓励和支持农药生产企业采用先进技术和先进管理规范，提高农药的安全性、有效性。

第十七条　国家实行农药生产许可制度。农药生产企业应当具备下列条件，并按照国务院农业主管部门的规定向省、自治区、直辖市人民政府农业主管部门申请农药生产许可证：

（一）有与所申请生产农药相适应的技术人员；

（二）有与所申请生产农药相适应的厂房、设施；

（三）有对所申请生产农药进行质量管理和质量检验的人员、仪器和设备；

（四）有保证所申请生产农药质量的规章制度。

省、自治区、直辖市人民政府农业主管部门应当自受理申请之日起20个工作日内作出审批决定，必要时应当进行实地核查。符合条件的，核发农药生产许可证；不符合条件的，书面通知申请人并说明理由。

安全生产、环境保护等法律、行政法规对企业生产条件有其他规定的，农药生产企业还应当遵守其规定。

第十八条　农药生产许可证应当载明农药生产企业名称、住所、法定代表人（负责人）、生产范围、生产地址以及有效期等事项。

农药生产许可证有效期为5年。有效期届满，需要继续生产农药的，农药生产企业应当在有效期届满90日前向省、自治区、直辖市人民政府农业主管部门申请延续。

农药生产许可证载明事项发生变化的，农药生产企业应当按照国务院农业主管部门的规定申请变更农药生产许可证。

第十九条　委托加工、分装农药的，委托人应当取得相应的农药登记证，受托人应当取得农药生产许可证。

委托人应当对委托加工、分装的农药质量负责。

第二十条　农药生产企业采购原材料，应当查验产品质量检验合格证和有关许可证明文件，不得采购、使用未依法附具产品质量检验合格证、未依法取得有关许可证明文件的原材料。

农药生产企业应当建立原材料进货记录制度，如实记录原材料的名称、有关许可证明文件编号、规格、数量、供货人名称及其联系方式、进货日期等内容。原材料进货记录应当保存 2 年以上。

第二十一条　农药生产企业应当严格按照产品质量标准进行生产，确保农药产品与登记农药一致。农药出厂销售，应当经质量检验合格并附具产品质量检验合格证。

农药生产企业应当建立农药出厂销售记录制度，如实记录农药的名称、规格、数量、生产日期和批号、产品质量检验信息、购货人名称及其联系方式、销售日期等内容。农药出厂销售记录应当保存 2 年以上。

第二十二条　农药包装应当符合国家有关规定，并印制或者贴有标签。国家鼓励农药生产企业使用可回收的农药包装材料。

农药标签应当按照国务院农业主管部门的规定，以中文标注农药的名称、剂型、有效成分及其含量、毒性及其标识、使用范围、使用方法和剂量、使用技术要求和注意事项、生产日期、可追溯电子信息码等内容。

剧毒、高毒农药以及使用技术要求严格的其他农药等限制使用农药的标签还应当标注"限制使用"字样，并注明使用的特别限制和特殊要求。用于食用农产品的农药的标签还应当标注安全间隔期。

第二十三条 农药生产企业不得擅自改变经核准的农药的标签内容，不得在农药的标签中标注虚假、误导使用者的内容。

农药包装过小，标签不能标注全部内容的，应当同时附具说明书，说明书的内容应当与经核准的标签内容一致。

第四章 农药经营

第二十四条 国家实行农药经营许可制度，但经营卫生用农药的除外。农药经营者应当具备下列条件，并按照国务院农业主管部门的规定向县级以上地方人民政府农业主管部门申请农药经营许可证：

（一）有具备农药和病虫害防治专业知识，熟悉农药管理规定，能够指导安全合理使用农药的经营人员；

（二）有与其他商品以及饮用水水源、生活区域等有效隔离的营业场所和仓储场所，并配备与所申请经营农药相适应的防护设施；

（三）有与所申请经营农药相适应的质量管理、台账记录、安全防护、应急处置、仓储管理等制度。

经营限制使用农药的，还应当配备相应的用药指导和病虫害防治专业技术人员，并按照所在地省、自治区、直辖市人民政府农业主管部门的规定实行定点经营。

县级以上地方人民政府农业主管部门应当自受理申请之日起20个工作日内作出审批决定。符合条件的，核发农药经营许可证；不符合条件的，书面通知申请人并说明理由。

第二十五条 农药经营许可证应当载明农药经营者名称、

住所、负责人、经营范围以及有效期等事项。

农药经营许可证有效期为5年。有效期届满，需要继续经营农药的，农药经营者应当在有效期届满90日前向发证机关申请延续。

农药经营许可证载明事项发生变化的，农药经营者应当按照国务院农业主管部门的规定申请变更农药经营许可证。

取得农药经营许可证的农药经营者设立分支机构的，应当依法申请变更农药经营许可证，并向分支机构所在地县级以上地方人民政府农业主管部门备案，其分支机构免予办理农药经营许可证。农药经营者应当对其分支机构的经营活动负责。

第二十六条　农药经营者采购农药应当查验产品包装、标签、产品质量检验合格证以及有关许可证明文件，不得向未取得农药生产许可证的农药生产企业或者未取得农药经营许可证的其他农药经营者采购农药。

农药经营者应当建立采购台账，如实记录农药的名称、有关许可证明文件编号、规格、数量、生产企业和供货人名称及其联系方式、进货日期等内容。采购台账应当保存2年以上。

第二十七条　农药经营者应当建立销售台账，如实记录销售农药的名称、规格、数量、生产企业、购买人、销售日期等内容。销售台账应当保存2年以上。

农药经营者应当向购买人询问病虫害发生情况并科学推荐农药，必要时应当实地查看病虫害发生情况，并正确说明农药的使用范围、使用方法和剂量、使用技术要求和注意事项，不得误导购买人。

经营卫生用农药的，不适用本条第一款、第二款的规定。

第二十八条　农药经营者不得加工、分装农药，不得在农药中添加任何物质，不得采购、销售包装和标签不符合规定，未附具产品质量检验合格证，未取得有关许可证明文件的农药。

经营卫生用农药的，应当将卫生用农药与其他商品分柜销售；经营其他农药的，不得在农药经营场所内经营食品、食用农产品、饲料等。

第二十九条　境外企业不得直接在中国销售农药。境外企业在中国销售农药的，应当依法在中国设立销售机构或者委托符合条件的中国代理机构销售。

向中国出口的农药应当附具中文标签、说明书，符合产品质量标准，并经出入境检验检疫部门依法检验合格。禁止进口未取得农药登记证的农药。

办理农药进出口海关申报手续，应当按照海关总署的规定出示相关证明文件。

第五章　农药使用

第三十条　县级以上人民政府农业主管部门应当加强农药使用指导、服务工作，建立健全农药安全、合理使用制度，并按照预防为主、综合防治的要求，组织推广农药科学使用技术，规范农药使用行为。林业、粮食、卫生等部门应当加强对林业、储粮、卫生用农药安全、合理使用的技术指导，环境保护主管部门应当加强对农药使用过程中环境保护和污染防治的技术指导。

第三十一条　县级人民政府农业主管部门应当组织植物保护、农业技术推广等机构向农药使用者提供免费技术培训，提高农药安全、合理使用水平。

国家鼓励农业科研单位、有关学校、农民专业合作社、供销合作社、农业社会化服务组织和专业人员为农药使用者提供技术服务。

第三十二条 国家通过推广生物防治、物理防治、先进施药器械等措施，逐步减少农药使用量。

县级人民政府应当制定并组织实施本行政区域的农药减量计划；对实施农药减量计划、自愿减少农药使用量的农药使用者，给予鼓励和扶持。

县级人民政府农业主管部门应当鼓励和扶持设立专业化病虫害防治服务组织，并对专业化病虫害防治和限制使用农药的配药、用药进行指导、规范和管理，提高病虫害防治水平。

县级人民政府农业主管部门应当指导农药使用者有计划地轮换使用农药，减缓危害农业、林业的病、虫、草、鼠和其他有害生物的抗药性。

乡、镇人民政府应当协助开展农药使用指导、服务工作。

第三十三条 农药使用者应当遵守国家有关农药安全、合理使用制度，妥善保管农药，并在配药、用药过程中采取必要的防护措施，避免发生农药使用事故。

限制使用农药的经营者应当为农药使用者提供用药指导，并逐步提供统一用药服务。

第三十四条 农药使用者应当严格按照农药的标签标注的使用范围、使用方法和剂量、使用技术要求和注意事项使用农药，不得扩大使用范围、加大用药剂量或者改变使用方法。

农药使用者不得使用禁用的农药。

标签标注安全间隔期的农药，在农产品收获前应当按照安全间隔期的要求停止使用。

剧毒、高毒农药不得用于防治卫生害虫，不得用于蔬菜、瓜果、茶叶、菌类、中草药材的生产，不得用于水生植物的病虫害防治。

第三十五条 农药使用者应当保护环境,保护有益生物和珍稀物种,不得在饮用水水源保护区、河道内丢弃农药、农药包装物或者清洗施药器械。

严禁在饮用水水源保护区内使用农药,严禁使用农药毒鱼、虾、鸟、兽等。

第三十六条 农产品生产企业、食品和食用农产品仓储企业、专业化病虫害防治服务组织和从事农产品生产的农民专业合作社等应当建立农药使用记录,如实记录使用农药的时间、地点、对象以及农药名称、用量、生产企业等。农药使用记录应当保存 2 年以上。

国家鼓励其他农药使用者建立农药使用记录。

第三十七条 国家鼓励农药使用者妥善收集农药包装物等废弃物;农药生产企业、农药经营者应当回收农药废弃物,防止农药污染环境和农药中毒事故的发生。具体办法由国务院环境保护主管部门会同国务院农业主管部门、国务院财政部门等部门制定。

第三十八条 发生农药使用事故,农药使用者、农药生产企业、农药经营者和其他有关人员应当及时报告当地农业主管部门。

接到报告的农业主管部门应当立即采取措施,防止事故扩大,同时通知有关部门采取相应措施。造成农药中毒事故的,由农业主管部门和公安机关依照职责权限组织调查处理,卫生主管部门应当按照国家有关规定立即对受到伤害的人员组织医疗救治;造成环境污染事故的,由环境保护等有关部门依法组织调查处理;造成储粮药剂使用事故和农作物药害事故的,分别由粮食、农业等部门组织技术鉴定和调查处理。

第三十九条 因防治突发重大病虫害等紧急需要,国务院农业主管部门可以决定临时生产、使用规定数量的未取得登记或者禁用、限制使用的农药，必要时应当会同国务院对外贸易主管部门决定临时限制出口或者临时进口规定数量、品种的农药。

前款规定的农药，应当在使用地县级人民政府农业主管部门的监督和指导下使用。

第六章　监督管理

第四十条　县级以上人民政府农业主管部门应当定期调查统计农药生产、销售、使用情况，并及时通报本级人民政府有关部门。

县级以上地方人民政府农业主管部门应当建立农药生产、经营诚信档案并予以公布；发现违法生产、经营农药的行为涉嫌犯罪的，应当依法移送公安机关查处。

第四十一条　县级以上人民政府农业主管部门履行农药监督管理职责，可以依法采取下列措施：

（一）进入农药生产、经营、使用场所实施现场检查；

（二）对生产、经营、使用的农药实施抽查检测；

（三）向有关人员调查了解有关情况；

（四）查阅、复制合同、票据、账簿以及其他有关资料；

（五）查封、扣押违法生产、经营、使用的农药，以及用于违法生产、经营、使用农药的工具、设备、原材料等；

（六）查封违法生产、经营、使用农药的场所。

第四十二条　国家建立农药召回制度。农药生产企业发现其生产的农药对农业、林业、人畜安全、农产品质量安全、生态环境等有严重危害或者较大风险的，应当立即停止生产，通知有关经营者和使用者，向所在地农业主管部门报告，主动召回产品，并记录通知和召回情况。

农药经营者发现其经营的农药有前款规定的情形的，应当立即停止销售，通知有关生产企业、供货人和购买人，向所在地农业主管部门报告，并记录停止销售和通知情况。

农药使用者发现其使用的农药有本条第一款规定的情形的，应当立即停止使用，通知经营者，并向所在地农业主管部门报告。

第四十三条 国务院农业主管部门和省、自治区、直辖市人民政府农业主管部门应当组织负责农药检定工作的机构、植物保护机构对已登记农药的安全性和有效性进行监测。

发现已登记农药对农业、林业、人畜安全、农产品质量安全、生态环境等有严重危害或者较大风险的，国务院农业主管部门应当组织农药登记评审委员会进行评审，根据评审结果撤销、变更相应的农药登记证，必要时应当决定禁用或者限制使用并予以公告。

第四十四条 有下列情形之一的，认定为假农药：

（一）以非农药冒充农药；

（二）以此种农药冒充他种农药；

（三）农药所含有效成分种类与农药的标签、说明书标注的有效成分不符。

禁用的农药，未依法取得农药登记证而生产、进口的农药，以及未附具标签的农药，按照假农药处理。

第四十五条 有下列情形之一的，认定为劣质农药：

（一）不符合农药产品质量标准；

（二）混有导致药害等有害成分。

超过农药质量保证期的农药，按照劣质农药处理。

第四十六条 假农药、劣质农药和回收的农药废弃物等应当交由具有危险废物经营资质的单位集中处置，处置费用由相应的农药生产企业、农药经营者承担；农药生产企业、农药经营者不明确的，处置费用由所在地县级人民政府财政列支。

第四十七条　禁止伪造、变造、转让、出租、出借农药登记证、农药生产许可证、农药经营许可证等许可证明文件。

第四十八条　县级以上人民政府农业主管部门及其工作人员和负责农药检定工作的机构及其工作人员，不得参与农药生产、经营活动。

第七章　法律责任

第四十九条　县级以上人民政府农业主管部门及其工作人员有下列行为之一的，由本级人民政府责令改正；对负有责任的领导人员和直接责任人员，依法给予处分；负有责任的领导人员和直接责任人员构成犯罪的，依法追究刑事责任：

（一）不履行监督管理职责，所辖行政区域的违法农药生产、经营活动造成重大损失或者恶劣社会影响；

（二）对不符合条件的申请人准予许可或者对符合条件的申请人拒不准予许可；

（三）参与农药生产、经营活动；

（四）有其他徇私舞弊、滥用职权、玩忽职守行为。

第五十条　农药登记评审委员会组成人员在农药登记评审中谋取不正当利益的，由国务院农业主管部门从农药登记评审委员会除名；属于国家工作人员的，依法给予处分；构成犯罪的，依法追究刑事责任。

第五十一条　登记试验单位出具虚假登记试验报告的，由省、自治区、直辖市人民政府农业主管部门没收违法所得，并处 5 万元以上 10 万元以下罚款；由国务院农业主管部门从登记试验单位中除名，5 年内不再受理其登记试验单位认定申请；构成犯罪的，依法追究刑事责任。

第五十二条　未取得农药生产许可证生产农药或者生产假农药的，由县级以上地方人民政府农业主管部门责令停止生产，没收违法所得、违法生产的产品和用于违法生产的工具、设备、原材料等，违法生产的产品货值金额不足 1 万元的，并处 5 万元以上 10 万元以下罚款，货值金额 1 万元以上的，并处货值金额 10 倍以上 20 倍以下罚款，由发证机关吊销农药生产许可证和相应的农药登记证；构成犯罪的，依法追究刑事责任。

取得农药生产许可证的农药生产企业不再符合规定条件继续生产农药的，由县级以上地方人民政府农业主管部门责令限期整改；逾期拒不整改或者整改后仍不符合规定条件的，由发证机关吊销农药生产许可证。

农药生产企业生产劣质农药的，由县级以上地方人民政府农业主管部门责令停止生产，没收违法所得、违法生产的产品和用于违法生产的工具、设备、原材料等，违法生产的产品货值金额不足 1 万元的，并处 1 万元以上 5 万元以下罚款，货值金额 1 万元以上的，并处货值金额 5 倍以上 10 倍以下罚款；情节严重的，由发证机关吊销农药生产许可证和相应的农药登记证；构成犯罪的，依法追究刑事责任。

委托未取得农药生产许可证的受托人加工、分装农药，或者委托加工、分装假农药、劣质农药的，对委托人和受托人均依照本条第一款、第三款的规定处罚。

第五十三条　农药生产企业有下列行为之一的，由县级以上地方人民政府农业主管部门责令改正，没收违法所得、违法生产的产品和用于违法生产的原材料等，违法生产的产品货值金额不足 1 万元的，并处 1 万元以上 2 万元以下罚款，货值金额 1 万元以上的，并处货值金额 2 倍以上 5 倍以下罚款；拒不改正或者情节严重的，由发证机关吊销农药生产许可证和相应的农药登记证：

（一）采购、使用未依法附具产品质量检验合格证、未依法取得有关许可证明文件的原材料；

（二）出厂销售未经质量检验合格并附具产品质量检验合格证的农药；

（三）生产的农药包装、标签、说明书不符合规定；

（四）不召回依法应当召回的农药。

第五十四条 农药生产企业不执行原材料进货、农药出厂销售记录制度，或者不履行农药废弃物回收义务的，由县级以上地方人民政府农业主管部门责令改正，处 1 万元以上 5 万元以下罚款；拒不改正或者情节严重的，由发证机关吊销农药生产许可证和相应的农药登记证。

第五十五条 农药经营者有下列行为之一的，由县级以上地方人民政府农业主管部门责令停止经营，没收违法所得、违法经营的农药和用于违法经营的工具、设备等，违法经营的农药货值金额不足 1 万元的，并处 5000 元以上 5 万元以下罚款，货值金额 1 万元以上的，并处货值金额 5 倍以上 10 倍以下罚款；构成犯罪的，依法追究刑事责任：

（一）违反本条例规定，未取得农药经营许可证经营农药；

（二）经营假农药；

（三）在农药中添加物质。

有前款第二项、第三项规定的行为，情节严重的，还应当由发证机关吊销农药经营许可证。

取得农药经营许可证的农药经营者不再符合规定条件继续经营农药的，由县级以上地方人民政府农业主管部门责令限期整改；逾期拒不整改或者整改后仍不符合规定条件的，由发证机关吊销农药经营许可证。

第五十六条 农药经营者经营劣质农药的，由县级以上地方人民政府农业主管部门责令停止经营，没收违法所得、违法经营的农药和用于违法经营的工具、设备等，违法经营的农药货值金额不足 1 万元的，并处 2000 元以上 2 万元以下罚款，货值金额 1 万元以上的，并处货值金额 2 倍以上 5 倍以下罚款；情节严重的，由发证机关吊销农药经营许可证；构成犯罪的，依法追究刑事责任。

第五十七条 农药经营者有下列行为之一的，由县级以上地方人民政府农业主管部门责令改正，没收违法所得和违法经营的农药，并处 5000 元以上 5 万元以下罚款；拒不改正或者情节严重的，由发证机关吊销农药经营许可证：

（一）设立分支机构未依法变更农药经营许可证，或者未向分支机构所在地县级以上地方人民政府农业主管部门备案；

（二）向未取得农药生产许可证的农药生产企业或者未取得农药经营许可证的其他农药经营者采购农药；

（三）采购、销售未附具产品质量检验合格证或者包装、标签不符合规定的农药；

（四）不停止销售依法应当召回的农药。

第五十八条 农药经营者有下列行为之一的，由县级以上地方人民政府农业主管部门责令改正；拒不改正或者情节严重的，处 2000 元以上 2 万元以下罚款，并由发证机关吊销农药经营许可证：

（一）不执行农药采购台账、销售台账制度；

（二）在卫生用农药以外的农药经营场所内经营食品、食用农产品、饲料等；

（三）未将卫生用农药与其他商品分柜销售；

（四）不履行农药废弃物回收义务。

第五十九条　境外企业直接在中国销售农药的，由县级以上地方人民政府农业主管部门责令停止销售，没收违法所得、违法经营的农药和用于违法经营的工具、设备等，违法经营的农药货值金额不足5万元的，并处5万元以上50万元以下罚款，货值金额5万元以上的，并处货值金额10倍以上20倍以下罚款，由发证机关吊销农药登记证。

取得农药登记证的境外企业向中国出口劣质农药情节严重或者出口假农药的，由国务院农业主管部门吊销相应的农药登记证。

第六十条　农药使用者有下列行为之一的，由县级人民政府农业主管部门责令改正，农药使用者为农产品生产企业、食品和食用农产品仓储企业、专业化病虫害防治服务组织和从事农产品生产的农民专业合作社等单位的，处5万元以上10万元以下罚款，农药使用者为个人的，处1万元以下罚款；构成犯罪的，依法追究刑事责任：

（一）不按照农药的标签标注的使用范围、使用方法和剂量、使用技术要求和注意事项、安全间隔期使用农药；

（二）使用禁用的农药；

（三）将剧毒、高毒农药用于防治卫生害虫，用于蔬菜、瓜果、茶叶、菌类、中草药材生产或者用于水生植物的病虫害防治；

（四）在饮用水水源保护区内使用农药；

（五）使用农药毒鱼、虾、鸟、兽等；

（六）在饮用水水源保护区、河道内丢弃农药、农药包装物或者清洗施药器械。

有前款第二项规定的行为的，县级人民政府农业主管部门还应当没收禁用的农药。

第六十一条 农产品生产企业、食品和食用农产品仓储企业、专业化病虫害防治服务组织和从事农产品生产的农民专业合作社等不执行农药使用记录制度的，由县级人民政府农业主管部门责令改正；拒不改正或者情节严重的，处 2000 元以上 2 万元以下罚款。

第六十二条 伪造、变造、转让、出租、出借农药登记证、农药生产许可证、农药经营许可证等许可证明文件的，由发证机关收缴或者予以吊销，没收违法所得，并处 1 万元以上 5 万元以下罚款；构成犯罪的，依法追究刑事责任。

第六十三条 未取得农药生产许可证生产农药，未取得农药经营许可证经营农药，或者被吊销农药登记证、农药生产许可证、农药经营许可证的，其直接负责的主管人员 10 年内不得从事农药生产、经营活动。

农药生产企业、农药经营者招用前款规定的人员从事农药生产、经营活动的，由发证机关吊销农药生产许可证、农药经营许可证。

被吊销农药登记证的，国务院农业主管部门 5 年内不再受理其农药登记申请。

第六十四条 生产、经营的农药造成农药使用者人身、财产损害的，农药使用者可以向农药生产企业要求赔偿，也可以向农药经营者要求赔偿。属于农药生产企业责任的，农药经营者赔偿后有权向农药生产企业追偿；属于农药经营者责任的，农药生产企业赔偿后有权向农药经营者追偿。

第八章　附　　则

第六十五条　申请农药登记的，申请人应当按照自愿有偿的原则，与登记试验单位协商确定登记试验费用。

第六十六条　本条例自 2017 年 6 月 1 日起施行。

附录 2　2017 年国家禁用和限用的农药名录

《中华人民共和国食品安全法》第四十九条规定：禁止将剧毒、高毒农药用于蔬菜、瓜果、茶叶和中草药材等国家规定的农作物；第一百二十三条规定：违法使用剧毒、高毒农药的，除依照有关法律、法规规定给予处罚外，可以由公安机关依照规定给予拘留。2017 年国家禁用和限用的农药名录如下：

一、禁止生产销售和使用的农药名单（42 种）

六六六、滴滴涕、毒杀芬、二溴氯丙烷、杀虫脒、二溴乙烷、除草醚、艾氏剂、狄氏剂、汞制剂、砷类、铅类、敌枯双、氟乙酰胺、甘氟、毒鼠强、氟乙酸钠、毒鼠硅、甲胺磷、甲基对硫磷、对硫磷、久效磷、磷胺、苯线磷、地虫硫磷、甲基硫环磷、磷化钙、磷化镁、磷化锌、硫线磷、蝇毒磷、治螟磷、特丁硫磷、氯磺隆，福美肿、福美甲肿、胺苯磺隆单剂、甲磺隆单剂（38 种）

百草枯水剂自 2016 年 7 月 1 日起停止在国内销售和使用。

胺苯磺隆复配制剂、甲磺隆复配制剂自 2017 年 7 月 1 日起禁止在国内销售和使用。

三氯杀螨醇自 2018 年 10 月 1 日起，全面禁止三氯杀螨醇销售、使用。

二、限制使用的 25 种农药

中文通用名禁止使用范围

中文通用名	禁止使用范围
甲拌磷、甲基异柳磷、内吸磷、克百威、涕灭威、灭线磷、硫环磷、氯唑磷	蔬菜、果树、茶树、中草药材
水胺硫磷	柑橘树
灭多威	柑橘树、苹果树、茶树、十字花科蔬菜
硫丹	苹果树、茶树
溴甲烷	草莓、黄瓜
氧乐果	甘蓝、柑橘树
三氯杀螨醇、氰戊菊酯	茶树
杀扑磷	柑橘树
丁酰肼（比久）	花生
氟虫腈	除卫生用、玉米等部分旱田种子包衣剂外的其他用途
溴甲烷、氯化苦	登记使用范围和施用方法变更为土壤熏蒸，撤销除土壤熏蒸外的其他登记
毒死蜱、三唑磷	自 2016 年 12 月 31 日起，禁止在蔬菜上使用
2，4-滴丁酯	不再受理、批准 2，4-滴丁酯（包括原药、母药、单剂、复配制剂，下同）的田间试验和登记申请；不再受理、批准 2，4-滴丁酯境内使用的续展登记申请。保留原药生产企业 2，4-滴丁酯产品的境外使用登记，原药生产企业可在续展登记时申请将现有登记变更为仅供出口境外使用登记

中文通用名	禁止使用范围
氟苯虫酰胺	自 2018 年 10 月 1 日起，禁止氟苯虫酰胺在水稻作物上使用
克百威、甲拌磷、甲基异柳磷	自 2018 年 10 月 1 日起，禁止在甘蔗作物上使用
磷化铝	应当采用内外双层包装，外包装应具有良好密闭性，防水防潮防气体外泄。自 2018 年 10 月 1 日起，禁止销售、使用其他包装的磷化铝产品

主要参考文献

曹坳程，徐映明. 2017. 农药问答精编 [M]. 北京：化学工业出版社.

董记萍，等. 2017 农药识假辨劣与维权 [M]. 北京：中国农业出版社.

康卓. 2017. 农药商品信息手册 [M]. 北京：化学工业出版社.

石明旺，杨蕊. 2017. 常用农药安全使用速览 [M]. 北京：化学工业出版社.

孙元峰，杜海洋，平西栓. 2017. 常用农药使用技术 [M]. 郑州：中原农民出版社.

新型职业农民培育系列教材

农药安全使用与经营

中国农业科学技术出版社
官方微信公众号平台

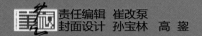

责任编辑　崔改泵
封面设计　孙宝林　高鋆

ISBN 978-7-5116-3664-5

9 787511 636645 >

定价：32.00元